仪式感

让平淡的日子遇见有格调的生活

杨 洋◎编著

中国纺织出版社

内 容 提 要

生活需要仪式感，因为我们经常活得不认真。人生在世，就像是在一条暗河里漂泊，随时可能撞上礁石。仪式感是我们在暗河上搭建的一座座灯塔。靠这些灯塔，我们才能看清生活。仪式感让我们存在，让我们的喜怒哀乐成就不一样的生命，在是非对错里不迷失，让我们的爱恨情仇成就不一样的人生，在成败得失中站得稳。朋友间的一声问候，情人间的一次约会，家人间的一场相聚……这是仪式感在流露。仪式感成长于看得见的生活表象里，扎根于看不见的生活态度中，它暗示我们必须认真对待身边的事物，不时地给我们潦草的生活一个巴掌，让我们不偏执、不抱怨、不畏惧、不摇摆……让我们相信生活，让我们的生活充满希望。

图书在版编目（CIP）数据

仪式感／杨洋编著．-- 北京：中国纺织出版社，2019.7
ISBN 978-7-5180-6046-7

Ⅰ．①仪… Ⅱ．①杨… Ⅲ．①人生哲学－通俗读物
Ⅳ．①B821-49

中国版本图书馆CIP数据核字（2019）第055766号

责任编辑：闫星　　　　责任印制：储志伟

中国纺织出版社出版发行
地址：北京市朝阳区百子湾东里A407号楼　邮政编码：100124
销售电话：010-67004422　传真：010-87155801
http：//www.c-textilep.com
E-mail：faxing@c-textilep.com
中国纺织出版社天猫旗舰店
官方微博 http://weibo.com/2119887771
三河市延风印装有限公司印刷　　各地新华书店经销
2019年7月第1版第1次印刷
开本：880×1230　1/32　印张：6.5
字数：170千字　定价：39.80元

人生在世，就像是在一条暗河里漂泊，随时可能撞上礁石。

自序

仪式感，为平淡的生活涂上美丽的色彩

古代人很重视成长的仪式，不同年龄段都要举行仪式，以提醒人们已进入新的人生阶段了，未来需要承担的权利和义务已与过去大不相同，生活方式和人生态度也应做出相应改变。

仪式宛如一道门，它把我们的人生路划成两段，前一段属于过去，后一段属于未来，但这道门仍是通的，属于门那边的过去并未消失。也就是说，它只是一个象征，提示我们转变已经发生。

举行仪式的那一刻，你踏在门槛上，既未脱离过去也未迈入未来。但同时它也在告诉我们，你正脱离过去、迈入未来。

小时候，我最盼望的日子有两个：一个是春节；另一个就是我的生日。

每当过春节的时候，家里会准备很多我平时吃不到的美食，母亲会给我买平时舍不得给我买的漂亮衣服，更重要的是，那

天我的姑姑会带着表姐表哥他们来拜年。

过春节那几天，每个人脸上都洋溢着节日的喜悦。我也是在那个时候，了解了各种各样的春节习俗，体会到了人世间的亲情……

那时候，我和哥哥姐姐们最大的心愿就是：希望每天都过得像春节时那么开心、快乐！

我过生日时，家里虽然不像过春节这么热闹，但父母会精心地为我准备礼物、煮长寿面、煎荷包蛋，我在摇曳的蜡火前，在父母疼爱的眼神中许下生日愿望……当蜡烛被幸福满满的我吹灭时，父母的掌声和祝福声同时响起在这一刻，我会热泪盈眶，并且感动地说出："爸、妈，我好爱你们。"

每一次我过生日时，心中净是满满的期待，期待爸爸能早点回家，期待妈妈不要太累，期待他们送我的礼物，期待他们暖暖的祝福……

长大以后，每每想起小时候跟家人一起过的春节和我的生日时，心中都会升起一种神圣感，也会莫名地兴奋起来。现在我才知道，那种对春节、对生日的期待，就是生活中的一种仪式感，这种期待让我们在平淡无奇的生活中发掘到意想不到的乐趣！

有位作家朋友说："生活就是一面镜子，你对它好，它才会对你好；你把仪式感融入生活，生活就会还你美丽的心情和诗意的人生。"

仪式感不需要多少物质基础，它体现的是我们对生活的尊重和热爱。一顿营养美味的早餐、一束鲜花、一个小小的礼物，都能赋予生活仪式感，都能带给我们一种不一样的心动和感动。

生活是平凡、琐碎的，但它又是美好、温柔的。这取决于你如何对待它：你若应付生活，那么生活回报你的就是一地鸡毛；你若赋予生活仪式感，那么生活回馈给你的就是一个又一个的惊喜。总之，只要你对生活有足够的热爱，重视生活，那么，生活也会用另一种方式重视你、热爱你！

人的一生说长不长，说短也不短，如果你想让每一天变得不同寻常，变得有趣，变得有意义，变得丰富多彩，那么热爱生活，拥抱生活，做一个生活中的有心人，花费点小心思、用点小心计，人为地在生活中为自己和身边的人创造一个个小惊喜、小感动，就能让平淡无奇的生活变得充满激情、绚丽多彩！

美好的生活需要美丽的色彩来装饰，无论你此时处于什么样的境地，都不要忘记给生活来一些仪式感，努力把生活过成你想象中的生动有趣的样子，让平凡的人生开出最美的花朵！

编著者

2018 年 10 月

目录

第 1 章

仪式感，让平淡的日子变成有格调的生活

第 2 章

掌控自己，让你人生的每一刻都充满仪式感

第 3 章

幸福的心境，是洋溢在脸上的微笑

第 4 章

永不放弃，不后悔的人生最有意义

第 5 章

仪式感，让我们的生活充满目标和动力

第一章

仪式感，让平淡的日子变成有格调的生活

生活就是一面镜子，你对它好，它才会对你好；你把仪式感融入生活，生活就会还你美丽的心情和诗意的人生。

仪式感，本身就是一种格调

仪式感是什么？

所谓仪式感，是人们对待生活的一种态度。比如，在我国的春节、十一国庆节、五一劳动节等特殊日子，做点与平日不同的事情，为自己制造一些美好的回忆。

我所理解的仪式感，就是人们从平淡枯燥的生活中选择一个特别的日子来纪念。比如，结婚纪念日、生日等。这一天曾经发生过的有意义的事情，使这一天与众不同，同时，这一天记载着我们美好的回忆，所以，每年到了这一天，我们便会有一种莫名的快乐，为了把这一天过好，我们通常会买一些纪念品，再用心地准备一顿丰盛的宴席。总而言之，就是把这一天过得既开心，又有意义。

一个在生活中注重仪式感的人，一定是一个懂生活、会生活、有情趣的人！对于这些人来说，生活是一种享受，也是一种乐趣。即便是一天简单的三餐，他们也会充满激情地去做。

我有一位做设计师的朋友，工作十分繁忙，但她每次用餐，都会精心地准备食物。即便是在公司用餐，她也会用心地对餐桌进行布置，铺上有着绿色蔬菜瓜果图案的桌布，步行到公司附近的便利店，买一些有机瓜果，用小刀削皮、切好后，有次序地摆放在精致的盘子里。

远远一看，那些水果就像一朵盛开在春天的花。

摆好水果后，她又把花瓣撒在图案别致的桌布上，让人看了特别有食欲。

用餐前，她会播放一段音乐，然后把一起加班的同事叫来，在悠扬舒缓的乐曲中，一起品尝着精心准备的食物，那种浪漫的氛围，既让人放松惬意，又富于生活乐趣！

每天在诗一般的环境中用餐，你的食欲会增加，从而心情变好，当一个人心情好时，就算是在生活中或是工作中碰到很大的困难，你也能用最好的状态去面对、去解决。

让仪式感充满生活，既会让你体会到生活本身单纯的美好，又会让你注意到生活中那些容易忽视掉的小细节，同时，还会让你把每一个普通的日子都当作有纪念意义的日子。当我们为每一个平凡的日子举行一些不一样的仪式时，生活就有了格调。

你的生活呈现什么状态，完全取决于你自己对生活的追求，有仪式感的餐桌，会唤起我们对生活的热情，因而让我们更好地表达出内心的那份纯真，让生活鲜活又富有乐趣。

我有一位做编剧的朋友，每次在写作前，她会化上一个淡淡的妆，穿上漂亮的衣服，然后再播放几首她最喜爱的歌曲……

她说，在这样的氛围中，她会有写作的冲动，在她投入到写作中时，她自己就化身为剧中的角色。在剧中，她分别扮演着不同的角色，自己与自己斗智斗勇，这让她乐在其中。

因为心情快乐，她写出的剧本质量和速度要比同行高出很多。

看来，无论做什么事情，有仪式感的人，总是比那些没有仪式感的人更有态度，更能享受事情本身，因而事半功倍。

然而，在生活中，很多人认为仪式感是穷讲究，是作，是装。正因为有这样的想法，这些人的生活才过得一团糟，久而久之，把原本美好的日子过得狼狈不堪。

人的一生是很短暂的，我们每过完一天就少了一天。那么我们为何不用心地对待每一天呢？当你用自己喜欢的方式过好每一天时，你会发现，生活原本如此美好；当你把爱融入到每一天的时光里时，你会把短暂的一天过得丰富多彩、妙趣横生，让这一天变得与众不同！

仪式感是对生命的一种尊重，是对生命的敬畏与珍惜。正如法国文学家托马斯·布朗爵士所说："你无法延长生命的长度，却可以把握它的宽度；无法预知生命的外延，却可以丰富它的内涵；无法把握生命的量，却可以提升它的质。"

有两个富翁都患上了绝症，他们的生命都只剩 50 天了。在他们得知这个消息后，两个人的反应差别很大。

第一个富翁得知自己快要死了的消息后，想到自己辛苦赚钱却无福享受，心里十分憋屈，整天长吁短叹，抱怨不断，惹得周围的人都不敢靠近他。所以，他那最后的 50 天过得水深火热，寂寞而孤独，没有一丝快乐。

在一个阳光明媚的上午，他离开了这个世界。他去世后，他的亲戚按照他的遗嘱分了钱后，就消失了。此后，再也没有人想起他来。

第二个富翁在得知自己的生命只有 50 天时，他做的第一件事就是，把钱分成三份，一份用来做慈善，一份钱用来成立一个研究他这种病的基金会，剩下的一小部分钱留给家人维持生计。

处理完这些事情后，他让家人送自己到养老院，并给每一个老人买了礼物。除此以外，他把在这里的每一天，都当作生命中最重要的一天，他为老人们讲笑话、唱歌，还把自己年轻时的经历编成故事，讲给大家听。

有他在的养老院，欢声笑语不断，大家都很喜欢他，称他是“快乐的老天使”。因为心情好，他活了将近一年。在一个鸟语花香的清晨，他在大家温暖的包围中闭上了眼睛。

虽然他去世了，但是他却永远地留在了老人们的心中。老人们记住的，不止是他带给大家的欢乐，还有他那风趣幽默的故事，以及他传奇的经历。大家没事的时候，就开始怀念他。因为大家讲得多了，就连后来进养老院的那些人，也记住了他的名字。

他去世后很多年，养老院里依然有人在讲他的故事。

同是走到生命尽头的两个富翁，为什么一个很快被人遗忘，另一个却被很多人铭记？主要原因就是第二个富翁，把仪式感融入到了他所拥有的每一天当中。这样一来，他生命最后岁月的每一天，都变成了值得大家纪念的日子。

很多时候，我们都在不停地抱怨生活的平淡无奇，埋怨日子的枯燥无味，把每一天过成了同一天……这样的生活不仅毫无精致可言，还像一潭死水，没有波澜。时间久了，我们开始厌烦这样的生活。有的人为此沦为手机控，每天的日子就是刷朋友圈、玩游戏，还有的人为了寻找刺激，深夜蹦迪、酒吧买醉等等。

而仪式感对于生活的意义就在于，它可以治愈生活的平淡无奇，把每一天的生活变得与众不同，让你发自肺腑地热爱当下的生活。

有一位朋友，她每天都要写日记，从 10 岁开始坚持，一直到现在，都三十年了。她说，并不是每天都洋洋洒洒地写很多字，哪怕只写一行字，也是对生活的一种纪念。好好对待每一秒钟，

仪式感

好好地过好每一天的日子，这就是仪式感。

不管你的处境如何，你都能够用认真的态度去面对生活；尽管你心情很糟糕，但你也要认认真真地过好每一天，发掘生活的乐趣。

有仪式感的生活，能够让你在一切繁杂里发现简单，在一切世俗中发现脱俗，在一切喧闹中发现宁静。所以，如果你觉得身边的一切都索然无味，也许是时候添加一些仪式感了。

其实，生命是非常美妙的，仪式感本身就是我们心灵的需要，把仪式感揉进去，会让我们的生命变得妙不可言。伴随着生命的演变，我们的心灵也在不断成长。只是，对于心灵的转变，我们常处于混沌状态，不知自己已进入了新的人生阶段。这时候就需要一些特定的仪式，来提醒甚至引导自己的转变。

梭罗说："我到树林中去，因为我希望从容不迫地生活，仅仅面对生活中最基本的事实，看看我是否能掌握生活的教诲，不至于在临终时才发现自己不曾生活过。"

你需要和尘世的喧嚣暂时保持一段距离，给心灵成长的空间，同时又保证不与现实脱节。

王小波说过一句话："一个人只拥有此生此世是不够的，他还应该拥有诗意的世界。"在我们在抱怨生活无聊无趣之前，不如先想一想，自己有没有认真地对待生活。一个敷衍了事、马马虎虎的人，又怎么能期待拥有趣意盎然的生活呢？

生活除了刷朋友圈，还要有仪式感

最近几年，微信已成为人们生活中不可或缺的社交工具。微信的出现，给我们的生活带来了极大地的便利，可以让我们随时随地进行交流，但也改变了人们的生活。有时候我们宁可把空闲或是重要的时间留给朋友圈，也不愿意和身边最亲近的人说一句话。手机正渐渐地成为我们生活中不可缺少的“伴侣”。

我的一位朋友，向我讲起她和爱人相聚时有惊无喜的一幕：

她的爱人在另一个城市工作。他们结婚后，基本上是一个月相聚一次。有一次，她爱人因为工作忙，有三个多月没有回家了。她每天晚上都跟他聊微信到很晚，终于等到爱人休三天探亲假的机会。

在见爱人之前，她准备了很多心里话，甚至想着跟他通宵畅谈，可是，见面后，她还没有和爱人说上几句话，爱人就急着发朋友圈，还配上了她接他的那个车站的建筑物。

在路上，她爱人更是忙到连回答她的话的时间都没有，只见他低着头，盯着手机屏幕刷朋友圈。她在旁边默默地等着，想着等他空下来时再说话。让她想不到的是，他们到了就餐的饭店，爱人坐下后就没动，还是低头发朋友圈。先是发饭店的外观照片，接着把每道菜也拍照发在朋友圈，每上一盘菜，他都会急着告诉她：“你先别动呢，我要拍照。”

两个人的就餐过程，就是她默默地吃，然后默默地看着爱人乐呵呵地拍照，再笑哈哈地发朋友圈，然后对她说一声：“有十几个人点赞了，我们领导还评论了。”

那一刻，她觉得自己就像空气一样。

爱人在家里逗留了三天，但他们每天说的话，还不及他们平时在微信上说的话多呢！

爱人回单位上班那天，她开车送爱人到机场，路上她趁爱人手机充电的空当时间，问道：“你知道前天和昨天是什么日子吗？”

“什么日子？”他惊讶地问。

“前天是我的生日，昨天是我们定婚的日子。”她淡淡地说。

爱人一愣，不好意思地说：“对不起，我，真的忘了。”

她笑了笑，没有说话。本来她是想提醒他的，因为在他来之前，他们在微信上就提到过这两个节日，而且他此次来，就是特意庆祝这两个特殊的日子。

只是他忙着刷朋友圈，忘了这事，而她又不忍心打扰他，何况，这两个如此特殊的日子他都忘记，即使提醒他，也没有什么意义。

一路上，他们相对无言，内心却翻江倒海般不平静。

有位诗人在一首诗中写道：世界上最遥远的距离，不是生与死，而是我就站在你面前，你却不知道我爱你。在这个拿着一部手机可以走天下的时代，这首诗可以改为：世界上最遥远的距离，莫过于我坐在你对面，你却在玩手机。

在朋友圈这个虚拟的世界里，我们可以随心所欲地自我表演、自我宣泄，可以佯装过得很快乐，可以戴着华丽的面具来骗取所谓的好友的点赞和评论……我们也因为无数的点赞和评论而心花怒放，以此来满足自己的虚荣心。

有很多人，拥有了朋友圈，就仿佛拥有了整个世界。然而，生活的美好就在于真实。真实的生活，要求我们用心对待、精心打理，这样我们才会享受到生活的乐趣！所以，一个真正会生活的人，更注重现实生活中的仪式感，而非朋友圈里的虚拟世界。

有仪式感的生活，会让我们留住世间美好的一切，让我们把每时每刻都过得富有格调。

我小时候，有一次跟着母亲去表姨家做客。他们家有五口人，却住在仅有 20 平方米的房间里。这 20 平方米的空间，有一大一小两个卧室和一个小厨房，大卧室是父母的卧室兼书房客厅餐厅，小卧室是三个孩子的卧室兼书房。

我们去时，三个孩子在和我们打过招呼后，就回到房间去学习了。母亲奇怪地问:“今天是周六,孩子们怎么也不休息?”

表姨笑着说:“我们家每个周六是读书日,这个读书日,就是让他们选择一本喜欢的书看,看完后还要写读书笔记,明天上午全家人为他们的读书笔记打分,谁的分数高,就奖励他10元钱买书。”

“得分低的呢?”我好奇地问。

表姨笑了笑,说:“分低的嘛,罚他唱一首歌,或是为获奖者做一道菜。”

到了中午做饭时,表姨陪着我和母亲说话,两个年龄大一点的孩子去淘米做饭,年龄小一点的孩子去洗菜。

“我们家每次来客人,孩子们都非常开心,他们会为客人献上拿手好菜。”表姨看着厨房里忙得热火朝天的孩子们说。

那顿饭是我长这么大,吃得最舒心的一次。

吃饭前,三个孩子高兴地向我们报了菜名,还把他们学的每道菜的“历史”故事讲给我们听,看着色香味俱全的菜,听着每道菜的故事,吃着味道独特的菜,真的是绝美的享受。

这一次做客,令我终生难忘,后来我每次吃饭,都忍不住回忆起这次吃饭时的情景,让我贪恋的不只是那色香味俱全的菜,还有吃饭时的欢乐氛围和愉悦心情。那是我第一次发现,在我眼里平平常常的饭菜,居然可以吃得这么讲究。

直到我长大以后才悟出来,有仪式感的生活,并不是“讲究”,

也不像我们发朋友圈的图片，是做给别人看的，而是发自肺腑地热爱生活、尊重生命。热爱和尊重，让我们认真地去对待生活中的每一件烦琐的小事，一旦我们认真对待生活，我们会用一种悠然、清静、淡泊的心境来拥抱生活！

仪式感来源于生活的点点滴滴，能让我们把平淡无奇的生活过得有滋有味。有仪式感的生活，会让我们看淡悲伤、追求快乐，让我们发现生活的色彩，感恩当下拥有的一切，让我们更加热爱生命！

愿热爱生活的每一个人，在刷朋友圈的同时，也在你的生活中刷一刷仪式感，由此你将会重新发现生活的意义！

有仪式感的生活，让你清楚自己的心之所向

有仪式感的生活，其实就是不要把生活过得很粗糙，或者是过得凑和、糊里糊涂，而是知道自己想要过什么样的生活。比如，你是想过一种快乐、浪漫的生活，还是要过一种得过且过的生活？你是想把生活和工作混为一谈，还是想在生活时开心地生活、工作时专心工作？仪式感，可以让你清楚地知道自己在工作或是生活中想要什么。

我有一位朋友，她在家里是两个孩子的妈妈；在公司，是

部门领导。在一般人看来，她既要照顾两个孩子，又要在职场打拼，可能会忙得团团转。但事实并非如此，她的生活不但过得有条不紊，而且丰富多彩。

每天早上，她开车送孩子上学后，就去了公司，并且每次都是提前半个小时到公司，在上班前，总结一下昨天的工作，再把今天的工作做个计划。上班时间一到，她就快速地进入到工作状态，工作效率非常之高。

每到周末，两个孩子一起出门，去家附近的兴趣班学习。这时她和爱人在家各干各的事情。

曾经有人问她："早上是如何叫孩子起床的？"

她笑着说："我们家吃早饭时间是六点四十，在吃饭前，全家人必须洗漱完毕，再喝一杯温开水，然后全家坐在桌前吃早餐。"

"早上时间那么赶，你的孩子是如何做到的？"

"早饭在一天中是最重要的，而早上又是一天中的黄金时光。所以，我的孩子和我一样，每天早上五点起床，五点二十他们洗漱后读书，我准备早餐。六点四十一到，不用我提醒，他们会放下书，准时坐到餐桌旁。"她笑着说："吃饭时我们都安静地享受，这是对食物的尊重。饭后，我们一起下楼，我送他们到学校后就去公司了。"

"你的孩子都不大，他们上兴趣班你们不去送吗？"

她笑了："开始我和爱人轮流送他们，后来他们觉得学习是一件神圣的事情，需要他们独立来完成，才觉得庄重、有成就感。”

这位朋友的生活之所以过得有滋有味，源于她和她的家人把仪式感带入到了生活中。因为有仪式感，他们懂得生活是为了什么。同样的道理，也适用于工作。当你把仪式感融入到工作中时，你在工作中就会变得主动。

我有一位白手起家的企业家朋友，他在总结成功经验时说道：“我们无论干什么，都要先想清楚自己要什么。就像我当年在一无所有时创业，我就对自己说，我选择创业，是因为我想在创业中实现自我价值，我一定要认真对待这件事情。”

在开业前，他从东拼西凑的钱中拿出一部分，自己买料装修了公司、举办了开业典礼。他花钱做这些事情，不是讲排场，而是告诉自己，他开公司是一件非常严肃、庄重的事情。

公司在发展过程中，他遭遇了很多坎坷和难关，越是面对困难，越是信心百倍。他在心里对自己说：“我创业是为了实现自我价值，困难多，能锻炼我的能力。”就这样，他坦然地面对接踵而至的困难，笑对困难，他的公司在短短一年中就步入了正轨。

人生在世，无非是生活和工作。但为什么有人把生活过得一团糟，有的人却把生活过得诗意从容？二者最大的区别就在于对待生活的态度，就是有没有把仪式感融入到生活中去。

这种仪式感，通俗来讲，就是“讲究”，只不过，这种“讲究”是遵从你的内心，你要从内心肯定你的生活，从内心喜欢这种生活方式。简单来说就是过一种你认为快乐的生活。

我的一位亲戚，每个月发完工资后，不管多少，他都要带着全家到外面吃一顿饭，他认为，这既是对自己辛苦工作后的奖励，又能为全家人的生活带来一种美好的期盼。

每次到他发工资那天，他六岁的儿子便早早地换好干净衣服，跟着妈妈到他们指定的饭店。他看着爱人和孩子笑得灿烂明媚的脸，心里真是乐开了花。

其实，生活的曲线跟股市的曲线一样，都是曲曲折折的，生活中难免会遇到低谷，但只要你保持乐观的态度，想一些小“花招”，为生活增添一些佐料，那么生活就会变得绚丽多彩起来。

仪式感，就是生活中的小“花招”，只要你愿意，你可以以爱之名，为每一天设定一个特定的“称谓”，花点小心思来享受它。

仪式感最美之处就在于，它能让你清楚自己想要什么样的生活，这样你在做事情时，就不会被无关紧要的诱惑分散心神，白白耗费大好时光，而是有计划、有目标地稳步前进。即便是压力来临，你也能够及时化压力为动力，安稳地渡过难关！

充满仪式感的人，总能用心感受每个生活瞬间

著名心理作家武志红说：“心灵的成长需要仪式感。”那些充满仪式感的人，会郑重地对待生活中每一刻的体验。

我的一位同学，只有高中学历，现在却是某集团年薪几百万的高管。

在朋友圈里，她俨然是大家羡慕的对象。但熟识的人，都知道她能有今天的成就，是经历了很多坎坷的。

在谈到过往奋斗的经历时，她淡淡一笑，说道：“生活对我们每个人都很公平，有低谷就有风光。所以，受伤的时候要学会不让别人看你伤口，而是让它自愈。”

随着她的话，我脑海里浮现出了她从前的样子。

那时候我和她刚上高中，我们都爱读书爱写作，很快成为无话不说的好朋友。私下里，我们约定一起参加高考、读大学。

天有不测风云，高一下学期，她的父亲因病去世。为了照顾多病的母亲和年幼的弟弟妹妹，她被迫辍学外出打工。离开学校时，她把舍不得用的本子送给我，并说：“好好上学，考上大学了记得告诉我一声。”

那天放学后，我请她的在学校附近的一个小餐馆吃了面条。在低头吃饭时，我无意中抬头，看到她的眼泪，默默地掉在热气腾腾的碗里。

那一刻，我体会到一个女孩在面对家庭变故时的伤心与无奈、绝望和无助。正在我兀自难过时，她抬起头对我微微一笑，端起桌上那杯我们没来得及喝的茶，低声说道：“我相信生活不会亏待一个努力的人。来，让我们学会逆风前行。干杯！”

我平复了心绪，愉快地碰杯，并相约十年后再次相聚。

十年后，我们再次相聚时，她已经活成了自己想要的样子，成为了某集团年薪几百万的高管。

她对我说，高一失学的那段日子，让她痛苦的同时，也让她变得非常坚强，她明白，生活就是一个不断地受伤、不断地自我痊愈的过程，只有坚强面对并克服每一次困难，自己才能成长。她坚信，每一次受到的心伤，会让心灵变得更坚强。

成熟的过程是一个不断受伤的过程，伤口无论大小、无论深浅，都会痛彻心扉。我们必须真心地爱生活、爱自己，把每一次的受伤看作是一场走向成熟的仪式，这样才会让我们无视于摆在面前的困难和阻力，让自己带着伤勇往直前，而当伤口自己愈合后，它就变成了身体中最坚硬的部分。

当你身上的伤越来越多时，你就成为具有免疫能力的人了，你会变得越来越坚强，再也不会轻易地被伤害。

有一只小猴，不小心被树枝划伤了肚子，流了很多血。它觉得很难过，就去找朋友诉苦，它对它最好的一个猴子朋友说："你看我的伤口，好痛。"

朋友就安慰它，并告诉它治疗伤口的方法。它依照朋友的方法来治愈，发现效果不好。就又去找其他的朋友诉苦。

其他朋友看到它的伤口，对它表示了同情，就又告诉它治疗伤口的方法。它继续听取意见，按朋友们的方法来治疗。

然而，没过多久，它因伤口感染而去世。

一个老猴子听到后感叹道："它是被自己的伤口害死的。如果它一开始就包好肚子上的伤，不给别人看伤口，它的伤口就会慢慢愈合，就不会造成后来的悲剧。"

自己受的伤，终归需要自己承受，与其用自己的脆弱来换其他人的同情安慰，不如一边捂住伤口疗伤，一边让自己变得坚强。其实，每个人在生活中都会遇到一些悲伤的事情，这些事情只能自己消化。

不要轻易把自己的痛苦晾给别人。德国哲学家尼采说："你遭受了痛苦，你也不要向人诉说、以求同情。因为一个有独特性的人，连他的痛苦都是独特的、深刻的，不易被人了解。别人的同情只会解除你的痛苦的个人性，使之降低为平庸的烦恼，同时也就使你的人格贬值。"

事实也是如此，你没必要向不关心你的外人倾诉苦难。当你把快乐分享错了人，就成了显摆；把痛苦倾诉错了人，就成了矫情。

一个人听到别人说自己的苦痛时，虽表面上好心地劝慰，但心里往往有一种庆幸自己没有摊上那种事的心理。所以若是有什么痛楚，自己受着就好了。现世的社会就是这样，喜欢锦上添花，也喜欢打落水狗。

所以不管遇到多大的难，必须自寻生路，寻回了生路就找回了尊严。痛苦也不是绝对不说，而能说出的伤痛应是已经结痂，当有一天你能笑着说出让你难过的事时，你就成长了。

不要轻易把自己心里的伤口给别人看，因为有些伤痕，需要自己治愈，这样才会有助于我们去实现人生更远大的目标。

在人生的道路上，我们在选择去超越自己的时候，总要或多或少地受伤的。受伤后，先不要去包扎伤口，而是让伤口自行愈合。自行愈合的伤口，会带给你意想不到的惊喜。

有一个朋友向我讲起这样一个故事：

几十年前，朋友的父亲年轻做学徒时，农村还没有电锯，木匠分解木头的工作，需要两个人拉大锯来完成。

他父亲和小师弟在拉锯时，发现了一个奇怪的问题。有时两个人很快就能把木头锯开，但有时却要耗费半个小时。他们不知道是什么原因，于是请教师傅。

师傅听后，微微一笑，说道："说出来你们可能会不相信，那些难分解的木头，就像人一样，在成长过程中受过伤害。"

"不会吧？树也会受伤害？"他们有点不相信地问。

师傅点点头，解释道："受伤的树和人一样，变得不容易被打垮。你们刚才在拉锯的过程中，我在这里听到锯树的声音，判断出你们的锯碰到坚硬的树疤了，因此有点难拉。"

"师傅，树里面有伤疤？"他们齐声问。

师傅再次点点头："一般来说，树在生长过程中，会经历风雨，被折断、受重伤。大多数树伤口愈合后，会留个树疤，继续生长。长树疤的地方，往往是树最坚硬的地方。正是树疤，支撑着树继续蓬勃生长，最终成材。有些受重伤的树，为了保全生命，苟且偷生，没有结疤，成了朽木。朽木解开后就松散了，那部分木料也成了废品。"

很多人一受到伤害，就会不停地抱怨，说命运对自己不公。越抱怨越委屈，最后就失去了奋斗的动力。

我的一位作家朋友对我说："我从来不怕受伤。这是因为我视痛苦和伤害为'财富'。我在生活中受到打击时，就会用笔记录下来。等有一天，这些文字就会成为我小说里的文字，痛苦中的我，也会成为小说中打不倒的主角。"

他的话让我眼前一亮。关于这些伤痛，我们用不同的心态来面对，就会有不同的行为。你想让自己的人生过得有意义，就要为自己点亮一盏明灯，这样，你即便是带着伤痛，也不会停止前行的脚步，而从让自己赢在人生的起点上。

我辞去高薪工作后创办了自媒体。

最初很多人劝我不要辞职，都说自己写稿子，辛苦不说还不一定比上班赚得多，又有很多风险。

我向来是一个既然决定了就不会轻易改变的人。我刚做自媒体时，经常是通宵达旦地工作，但仍没有收入。有半年时间，我都在用积蓄维持生活。

那段时间，我经常失眠，很想找人诉诉苦。但我心里明白，就算我说给别人听了，除了同情，也不会有任何收获。以后的路，无论多么难走，我都要一个人走下去。这么一想，我就坚持了下去，并四处请教在这方面有经验的老师。

一年后，我顺利渡过难关，事业做得越来越顺。

在布满荆棘而又漫长无比的人生路上，我们身上不免会留下一道道伤疤。蓦然回首，却发现成功一直在远方默默注视着你，才明白即使是伤口，也能开出让人惊喜的花朵。

所以，让你烦恼的事情，是来成就你的耐心的；让你痛苦的事情，是助你成长的；让你烦恼的人，是来帮你的；让你痛苦的人，是来渡你的；让你怨恨的人，是你生命的贵人；让你讨厌的人，恰恰是你人生的大菩萨。

这些事和这些人，都是你自己的不同侧面，都是另一个自己。“不经一番寒彻骨，怎得梅花扑鼻香。”人生的道路总是让人感到神秘莫测，我们不知道将来会走多远，生命会变得多精彩，但我们必须要珍视每一次的体验，把每一次的体验当作仪式感来纪念！

在苦难中发现最美的自己

曾经在网上看到这样一句话：“苦难从来就不是什么正能量的东西，不要感谢苦难，但它来了，也不要拒绝它。你最应该感谢的，是走出苦难后浴火重生的自己。”

一个在苦难中成长起来的人，不只是热爱生活，还热爱生命。这种热爱，就是一种对生活的仪式感！

一个经历逆境苦难仍不放弃生活、仍然对生活充满希望的人，是最值得敬仰的人！

有一次，我参加一个业内沙龙。在那次活动中，一位作家的话深深地感动了我。他说：“生命之美，美在姿态，这种姿态就是，在面对人生的风雨时，我们不要抱怨，而是坚强面对。强大的人，是在征服了人生的一次次洗礼后的成长。所以，当我们变得比以前强大时，那是因为这个风雨的世界成就了我们，我们要用爱来回报世界。”

在人生凄厉的风雨中勇敢地站起来，从苦难和孤寂里寻找生命中点滴的甘美，是每一个在奋斗中的人的必经之路。

这个世界上没有感同身受，只有冷暖自知。当你经历过那些伤心的、煎熬的事情之后，你会发现，你变得比你想象中的自己更强大。

大学毕业那年，我在一个化妆品公司做销售员。

有一次，我在街头做宣传。我摆好化妆品，热情地邀请过往行人来我这里免费试用化妆品，享受我的服务。

一个中年女人向我走了过来。我就主动对她说“大姐，您好，打扰您几分钟时间，我来帮您免费试用化妆品，我们公司的化妆品……”

她张口就爆粗口：“滚蛋。”并顺手把我手中的化妆品盒子打掉在地上。

那一刻，我惊呆了。虽然我在推销过程中遇到过很多无礼的拒绝，但像这种蛮横无理的粗暴拒绝，还是第一次遇到。

当时，我第一次感到了愤怒，但我忍了下来，弯腰捡起掉在地上的化妆品。微笑着对她说：“大姐，真的很抱歉，我打扰您了。”

那是一个飘着细雨的末秋，天气很冷，我的心更冷，感谢雨水，流下来挡住了我的眼泪。

这件事情发生以后，我开始重新审视自己的工作方式。心想，这位顾客对我发火，一定是我的言行有不妥之处。每个人都有不如意的时候，或许那位顾客当时心里正窝火，想安静一会儿，我却不合时宜地撞上了他的“火山”口上。

“以后再跟顾客交流时，除了热情外，还要学会察言观色。”我对自己说。

果然，我再也没有遇到过简单粗暴的拒绝。

所有的绝望，经过时间洗涤，都会模糊曾经的样子。我们人生那么长，总该有一段时光用来浪费，总要有一段糟糕的日子逼着自己变得坚强。

这个世界其实很公平，不管你是一个奇人，还是一个平凡的人，只要敢和命运抗衡，与人生比赛，不沉沦，不悲哀，在人生的赛场上，哪怕你跑得不快，哪怕你是最后一个到达终点，你也是胜者，因为你用顽强的意志坚持了下来。

我们要学会为自己喝彩，为自己鼓劲，感谢它们磨炼了自己坚韧的性格。

一个人只有学会欣赏自己，才会给自己一个轻松的心态。有了这样的好心态，便会坦然面对人生的风和雨！

正如我一个朋友所说，生命中有些日子很艰难，但当你经历过后会发现，苦难有时候会让我们发现自己的潜能。在苦海中摸爬滚打后的你，会在今后闪闪发光的日子里感谢当初那个一直在坚持的自己。

我有位朋友，是出版圈小有名气的图书出版人。

在图书市场日渐低迷之时，由她策划出版的书却依旧深受读者追捧。我想，十几年前的她，肯定没有想过今天能如此风光。

当时，她只是一个学酒店管理的大专毕业生，在浩浩荡荡的求职队伍里，她靠着对图书的热爱和执着，成为一家图书公司的前台。

这家图书公司很大，出版的书很杂，为了节省工资，招聘的全是没有经验的应届生。因为工资低，这里的员工乐得清闲，每天应付完自己那点活儿就可以了。

相对于编辑来说，作为前台的她，工作更为清闲，除了在招聘季节给各个网站发招聘信息外，就是接待一下来公司面试的人。

有一段时间，她发的招聘信息总是无人问津。她就开始找原因，发现是招聘信息写得不够吸引人。于是，她就在网上查看各大公司、出版社的招聘启事，认真看，细细研究。就这样，她借用资料，根据公司的情况“原创”了一份“招聘启事”。

同时，在通知面试者来面试时，她做了一些“创新”：

通知面试者时，她会花几分钟时间，主动向对方介绍公司经营内容、企业文化、工作环境、岗位职责等。在介绍时，她会主动回答对方提出的各种疑问，让面试者没来公司前，就对公司产生了浓厚的兴趣。接着，她会告诉面试者面试流程，这样一方面让面试者感到被尊重；另一方面，能让面试者提前有一个思想准备。最后，她把到公司附近的乘车路线、下车站点等信息详细地告诉对方。

通过她的这一系列“改革”，面试者纷至沓来。这让她有了一点成就感。后来，她向老板申请转岗到编辑部门。

老板答应让她试试，并承诺，她如果在两个月中适应并达到编辑的水平，就让她享受编辑的待遇。

那几年她过得辛苦极了，为了充电，她晚上十二点前没睡过觉，周六日要么听课，要么泡图书馆，为省钱省时间，她在公司附近的地下二层租了床位，每天步行上下班。

如今，她成功了，原来那些艰苦的时光，都成了头顶上事业的光环。

事后，这位朋友对我说，她面试时的“创新”，其实就是设置面试的仪式感，郑重对待每一次的面试，无关成败。而准备过程中的那份专注、认真，将会成为回忆中的一场盛宴！

人的一生就像长满荆棘的一段路，明明知道会鲜血淋漓，可是我们还得坚持勇往直前。虽然这只是人生的起步，但我们仍会为自己咽下泪水而喝彩，鼓励自己再走下去，坚持到底就是胜利！

支撑我们坚持下去的，其实就是你对待每一次苦难的仪式感。这种仪式感或许无法解决你当时的窘境，却能够成为你精神上的支柱。

马丁说：“每一个强大的人，都咬着牙度过一段没人帮忙，没人支持，没人嘘寒问暖的日子。过去了，这就是你的成人礼；过不去，求饶了，这就是你的无底洞。”

我初中同学肖虹生活在一个富足奢华的家庭里，习惯了他人的奉承恭维。

肖虹对我说，自己不是高尚的人，也贪恋父亲赚来的钱带给她的“奢华”生活。可不知道为什么，当她看着每天穿梭于她家的那些风光的富贵朋友时，她和母亲一样，心里感到极度的不安全。

当家里什么也不缺时，一个年轻漂亮的女人闯入父亲的生活，迷得父亲神魂颠倒，最终向母亲提出离婚。

父母离婚时，肖虹上高一，她不顾所有人的劝说，选择跟着母亲，住在一幢老式居民楼里，两室一厅，不到六十平米。

她说，这简陋的房间，是她小时候和父母共渡美好时光的快乐乐园。那时父母都是普通工人。小时候的她，做完作业，父母正好下班回家，一家人一起说说笑笑地在厨房里做饭。

那个时候，为了庆祝一家人的团聚，父亲和母亲会一起做一道特色菜，菜名就叫“大团圆”。

后来，父亲下海经商，一家人围坐在一起吃“大团圆”菜的日子一去不复返了。父亲先是晚归，接着不回家，再后来父亲为他们买了大房子。

母亲带着她搬出大房子那天，久久站在门口回望，往事历历在目。

母亲流着泪带着她回到了曾经他们一家三口的小家。然后她和母亲一起动手，把窄小的房间布置得温馨浪漫。

布置好房间后，母亲说要给她一个惊喜，让她回房写作业。

她写完作业后，麻利的母亲已经做好了她爱吃的菜——“大团圆”。她馋得拿起筷子就要夹里面的火腿时，母亲拦住了她。

“等一等，你没有发现这道菜少了一点什么吗？”母亲笑眯眯地问她。

她仔细一看，少了葱丝，恍然大悟，这道“大团圆”菜，需要两人一起来做。她立刻拉着母亲的手来到厨房，母亲剥葱，她清洗后切好，母亲再均匀地撒到盘子里。

从此以后，只要她在家，母亲都会跟她一起做这一道“大团圆”——这道菜，是团圆的象征，是她们对相聚的日子的一种庆祝。

她大学毕业后，在一家公司做业务员，每月底薪不到两千元。当时，她母亲因病住院，她一边忙工作，一边照顾母亲，一边还要想办法找亲朋好友借钱。一天只能睡一两个小时，有时困到走着路就能睡着。

有亲戚让她去找开公司的父亲帮忙，她拒绝了，她说，每个人在生活中都有一段时间特别难熬的日子，关键是如何让自己熬过去，过程比结果重要。

无论多么艰难，她都坚持和母亲一起吃那道“大团圆”菜。每次给母亲送饭，她把切好的葱丝放进塑料袋里，然后看着母亲撒在上面。

虽然日子很苦，但吃着那道菜，她心里无比喜悦。为了能够和母亲吃上这道营养丰富、爱心满满的“大团圆”菜，她把每一天都过得充实无比。

父亲公司破产后，所有美好全变了，父亲的第二任夫人带着钱逃之夭夭。这时的肖虹，是某合资公司副总裁，每天上下班开着公司配备的车子。

有一次她去看父亲，正值中午，孑然一身的父亲无限欣慰地说：“孩子，你想吃什么？爸爸给你做？”

她望着父亲憔悴的脸，心里一阵难过，搪塞道：“我不饿。”

父亲边往厨房走边说：“孩子啊，今天爸爸为你准备的这道菜，你一定爱吃。”

她的心一喜，跑进厨房，一眼就看到了那道“大团圆”。

“每次想你时，我都要净手洗菜，严把刀工，大动干戈地做这道菜。”父亲指着切好的葱丝对她说，“做之前，过往我们一家人在一起的日子，历历在目。然后没多久，你就打我电话，告诉我要来看我。”

父亲说完，两人都笑了。

人生喜乐和忧愁参半，忧愁是人生中不可以避免的一部分。

我们可以不感谢苦难，但是可以把到来的苦难当作幸福的前奏，用一种你认为重要的仪式来对待苦难。

村上春树说：“人，不必太纠结于当下，也不必太忧虑将来，当你经历过一些事情的时候，眼前的风景、意境和以前不一样了。”

不要去嫉妒成功人的繁华生活，他们看上去很美，美的只是外表，所受的苦，只有自己知道。

“如果一切重来，我还愿意做那个住在简陋房间的小女孩，等着辛苦工作的父母回家。”肖虹如是说。

有些苦难，不仅有利于让我们维持人生的心理平衡，而且还有利于让我们去发现，那一刻坚强的自己是最美的。这些伤痕，虽然毁灭了我们曾经的快乐，但也为美好的未来打下了基础——在苦难中站起来的我们是最美的！

对于苦难，加缪说，重要的不是治愈，而是带着病痛活下去。这种活法，是一个有仪式感的人对生命的高贵态度。

在人生的道路上，我们在选择超越自己的时候，要学会对自己狠一点，再狠一点。生活赋予你的每一次挫折，都是成长的代价，值得我们纪念。

当你学会了为生命喝彩，学会了肯定自己，就是从另一个角度征服了自己。即便在人生之路上遇到再大的风雨，你都不会畏惧，并且坚信，黎明终会到来！

不感谢苦难，但也不要逃避苦难，因为你会在苦难中发现坚强和美丽的自己！

在哪里跌倒就在哪里站起来

多年以前，我在选择写作这条道路时，一位老师语重心长地对我说："世间万事都有一个过程，这个过程充满了艰难，这时候你不要放弃，因为任何事情发展到一定阶段时都会遇到瓶颈，你只有不断地克服问题、解决问题，才能一步步地完善自己，从而成就一生。记住，不要害怕跌倒，在哪里跌倒就在哪里站起来，你才会成为最好的自己。"

当时我听到这句话时，就立马干了这碗鸡汤。后来我经历了一些事情后，发现老师说的这些话不仅仅是一碗鸡汤，更是激励我们向前走的真理。

大学毕业后，我的第一份工作是在某大型化妆品公司做销售。

在入职前，我和一起入职的三位同学就了解到公司待遇福利都不错，试用期工资是5000元，这样工资在我所在的城市已经算高的了，而转正以后，工资是7000加提成，只要我稍微一努力，就能到10000元。重赏之下，必有勇夫。我和我的同学非常珍惜这份高薪工作。

公司在向我们培训时，明确规定，三个月后，会根据我们的表现，从四个人中留下两个。

和我一起入职的其他三个同学，条件都比我好。她们在学校时，就在这家公司做过兼职，并且业绩很好，而我是第一次接触这个行业。

在培训期间，我收到另一家大公司的录用通知。这家大公司的规模、待遇，比我现在试用期的公司还好。我左右权衡后，决定还是留在了这个公司，因为我是一个不愿意半途而废的人。

我当时并没有考虑那么多，只是想："我要抓住这次机会，好好工作，就不信不能留下来。"

然而，所有的事情都不是绝对的。尽管我在试用期小心翼翼的，而且也做到了全力以赴，但是，我的业绩依然没有其他同学做得好。就这样，我没有任何悬念地离开了这家公司。

令我沮丧的是，我也错过了上一家公司的入职机会。那时，我眼看着昔日的同学都在职场上找到了自己的归宿，而我却前途未卜。

我告诫自己：你没有消沉下去的资本。那一年，我投出去的简历石沉大海，偶尔有面试通知，面试后也杳无音讯。

我一边不停地找工作，一边在小公司做兼职，以赚取工作经验。

这样的生活，我过了将近两年，才被一家大公司录用。在这家大公司，我在做到主管后，年薪达到了六十万时，我选择离开，从事自己喜欢的自媒体。在经历一些挫折后，我的事业已经步入正轨。

我的一位画家朋友对我说："当你带着摔肿的双腿依然前行时，那是因为你选择了与懦弱的自己辞别的仪式，同时也是选择了坚强最好的纪念。"

不知道在哪里看到过这样一段话："风跌倒了，才有了美丽的树叶；云跌倒了，才有了滋润大地的雨水……所以，我们不要害怕跌倒，而是让我们在跌倒后，用最美丽的姿势站起来。"

"不要害怕跌倒。因为跌倒的地方，往往就是你成功的起点。"多年以后，当我想起老师这句话，不由得感慨万千。我能有今天的成就，是因为我能够从"跌倒"的地方爬起来。

在人生的长河中，每个人都会遇到磨难，请你一定要记住，于磨难中站起来，不是因为你站立的姿态美，而是你的站立是对磨难的挑战。

有一位父亲看到自己的孩子都十几岁了，仍然胆子很小。在孩子身上，一点看不到他的男子汉特有气概。这让父亲很是担忧。

父亲的朋友告诉他："男孩子学学武术，有助于提升男子汉气概。"

父亲听后大喜，就在朋友的介绍下，带着孩子去拜访一所寺院的禅师，想让这位禅师收留他的孩子学武艺。

禅师听了这位父亲的话，又看看一旁低头不语的孩子，就对这位父亲说:“你可以放心的把孩子留在他这里了，几个月后，我一定会让你看到孩子身上具备的男子汉品质和气概。”

到了约定的日期，这位父亲来寺院接孩子，禅师特别安排了一场武术比赛，比什么呢？就是空手道，让孩子跟教空手道的老师对打。

在比赛时，老师每次只要自己出招，孩子就会被击倒，尽管孩子屡次被击倒，但又都站了起来迎战。那种不服输的气势，让人刮目相看。

看到孩子屡次失败，这位父亲更生气了，这时候师傅问他:“孩子这种表现，是不是表现的像一个男子汉？”

父亲听后无奈地说道：“我没有想到孩子送到这几个月，还没有改掉弱者的样子，总是打不过对手，总是输。我看他跟老师对打，连还手的机会都没有。”

禅师却说：“您对孩子的评价我感到很遗憾。您为什么只看到了孩子被打败，而没有注意到您的孩子面临挑战那种不服输的勇气，以及被打败后再次的决斗，这种打败后重新站起来，是需要多大的勇气啊！您可知道，一个孩子的真正气概，并不是成功时的笑脸，而是在失败后依然重新振作的精神。这样的人，总有一天，会成为生活的强者。”

失败了再站起来，说起来这是对遇到挫折的人最好的安慰。

可是如果你真正想要将这句话完全实现，你就会发现，这需要的不仅仅是一个人的勇气，还要有不服输的精神。

生活也是如此，我们不能因为偶尔的失败，就丧失了生活的希望，因为如果就此认输，我们永远也达不到自己的目标，只有从哪里跌倒就从哪里站起来，你才有可能达到你的目标。虽然这个过程很漫长，但是在这其中，你可以磨练自己的意志，积累人生的经验，以及坚持不懈的品质。

姚明是球队领袖，尽管他个人能力非常出众，依旧有很多人认为他缺少霸气，难以胜任球队领袖的职位。特别是他进入美国职业篮球联赛NBA后，NBA专家更是指责他在关键时刻没有血性。

姚明并不为外界议论所左右，他顶着各种压力坚持训练。在一次比赛中，人们发现了姚明的另一面：坚强。

当时，姚明面对强大得几乎不可战胜的敌人时，他用拼命的奔跑、激烈的碰撞，一次次将对手反超比分的热情浇灭。当离比赛还剩几分钟的时候，双方的拼杀已经到了白热化的程度，双方队员都红着眼睛释放出全部的力量，争取比赛的胜利。

就在这时，意外发生了，带球突破的科比和姚明猛地撞到了一起，姚明意外地伤到了膝盖，疼痛让他猛然倒地，他的表情痛苦不堪。

在NBA的赛场上，激烈的冲撞随时发生，所以谁也没有注意到姚明。由于姚明微微蜷起身体，双手抱着膝盖，眉头紧皱。裁判立刻暂停了比赛，火箭队的队医第一时间跑到姚明身边低声询问着他的伤势。

此时的姚明，表情仍旧异常痛苦，当队医们搀扶着姚明离开了赛场，慢慢地走进通向休息室的走廊。姚明伤得如此严重，几乎没有返回球场的可能了。少了姚明，火箭队自然凶多吉少。

在向前走了几步后，姚明坚决地停了下来，他态度坚决地看着队医："我要回到比赛场上去。"看着他如此坚决，队医只好让他做了几个简单的动作，在确定并无大碍之后，队医又陪伴着姚明走回了赛场。

当姚明再次走回球场的时候，所有的观众都站起身来为他鼓掌。虽然这里是对手的主场，但对方的球迷还是将掌声送给了坚强的姚明。主教练阿德尔曼没料到姚明会带伤回来，他担心姚明伤势。姚明已经指着场上的队友大喊了起来，他在告诉阿德尔曼，比赛场上有他的兄弟，比赛场上有急需他的队友，他要承担起自己的那一份责任。

姚明带伤再次返回比赛场上的瞬间，当地的一个记者哽咽着说道："姚明让我们明白了一个男人该承担什么，他让我们看到了中国人的坚强和伟大！"

姚明再次站在比赛扬上，让场上所有的人都没有想到。这时的比赛已经到了决战时刻，姚明受伤的膝盖已经红肿，他接到球之后仍旧咬着牙坚持着。

姚明的回归给了队友们极大的鼓舞，火箭队打出了极其强悍的气势，在顶住对手的反扑之后赢得了比赛。

观看此次比赛的观众大为震惊，对他们来说，与其说这是一场比赛的胜利，不如说这是一种精神的胜利。姚明向所有人展现出了一种伟大的精神——创造奇迹，需要咬着牙坚持。

美国有一首非常有名的乡村歌曲，里面有这样一句歌词："一个人要走多少路，才能成为男子汉。"姚明在此次比赛里给出了答案：生活中真正的强者，是不会被生活打败的，他们能够咬着牙，站起来，继续前行。

罗曼·罗兰说："世界上只有一种真正的英雄主义，那就是认清生活的真相后还依然热爱生活。"

生活需要仪式感，而仪式感是我们的一种生活态度，这种态度，会让你的生活变得更有意义。你不会害怕人生路上的艰难险阻，即便是跌倒很多次，你仍然心向阳光。无论是工作，还是生活，你都会一步一个脚印、踏踏实实地走过来。

托马斯·卡莱尔说过，生命不止，奋斗不息。当我们拥有一种"生命与奋斗"同在的精神时，哪怕人生风雨再大，哪怕脚下的路再曲折、泥泞，我们都不要轻言放弃，而要变得更加坚强，让每一次跌倒成为人生里程中一个新的起点！

为绝望举行送别仪式，才能迎来转机

我有一位在金融圈叱咤风云的朋友，他投资的公司上市前，特意举行了媒体座谈会。在会议上，有家网站的记者采访他：“您的创业之路一直很顺利，请问您有什么秘诀吗？”

“有。”他微笑着镇定地回答。

全场寂静无声，大家都在洗耳恭听，都想把这位金融界大咖的成功秘诀记下，将来好借鉴运用在自己的创业中。

“那请您说慢一点，我们要记下来。”这位记者说着，拿出了纸笔。

我这位朋友环顾一下周围，摆摆手，正色道：“我的秘诀就是为一次次绝望举行欢送仪式。”

“啊？！”

全场哗然。

“各位可能不信，我能有今天，就是在绝望到想自杀的时候，又放下了自杀的念头。”他轻描淡写地说。

让他绝望到想自杀的那件事，是指被信任的恩师所骗。这位恩师，是他上大学时非常赏识他的一位老师。

他刚创业时，和自己的恩师共同做一个项目，恩师出技术，他出资金。他的资金，一大部分是父母的贷款，他们把半辈子辛苦攒的钱买的一套房子，抵押给了银行；另一部分是女朋友家人和亲戚朋友们凑的血汗钱。

那时他带着对恩师的信任，带着对父母的负疚，带着对亲朋好友的感恩，带着对自己美好前程的向望，把全部的精力都用在创业上。他经常通宵达旦地加班，工作起来经常忘了吃饭。

他们的项目即将研制成功时，他得到一个令他绝望的消息：他竞争对手的企业，已经早他们一天把这个项目公布于众了，同时申请了专利。

“我当时半天没有了知觉，眼前反复出现我彻夜工作的一幕幕。我想啊想，连眼泪都没有来得及流。”他平和地说：“我瘫坐在办公室里，第一次有了自杀的念头。”

他的办公室在大厦的22楼，他看着窗外，心想：“我用三年的时间，把我和恩师的心血、把最爱我的亲人朋友的钱，全部拱手让给了我的‘敌人’。如果我从阳台上跳下去，所有的痛都将解脱。可我留下的这个烂摊子，将会给我的亲人们第二次伤害。”

他最终没有跳下去。他刚把“自杀”的萌芽扼杀，却又听到一个致命的消息：原来是恩师出卖了他们的项目。

他用一周的时间来说服自己不要上了死神的当。一周后，他重新振作，在亲朋好友的帮助下，用了半年时间彻底断了自杀的念头，用一年半的时间游说风险投资来投他的新项目。

他的故事讲完了，全场再次寂静。他的声音出奇的平静："朋友们，我的秘诀就是经历绝望，只有经历过绝望，你才明白，这个世界上除了宝贵的生命和对亲人的爱，什么都是小事。当你从绝望中走出来时，你以后遇到再大的挫折都不会绝望，反而会快速地从绝望中找到希望。请牢记，光明正大地送走绝望，才能正式迎来转机！"

全场响起雷鸣般的掌声。

绝望本身就是一种伟大的力量。那是因为既然你在经历绝望，就说明你没有被绝望打倒。当你彻底摆脱绝望的那一刻，转运的机会就出现了。这转运的机会，是强大的你赐予自己的。

纵观古今中外，成功者，几乎都经历过绝望。是一次次痛到心底的绝望，丰富了他们的精神世界，强大了他们的内心，让他们得以快速地成长起来——这个过程，就是一场送别绝望、迎来转机的仪式！

我们平时在电视或其他媒体上看到一些成功者，他们一脸平和地面对媒体记者尖锐的问题，那睿智的回答，都是绝望给他们的回报。所有的光明都来自于黑暗，所有的风光背后，都经受过绝望的煎熬。

所以，不管你处在什么样的绝境困境，都要在心里为绝境困境举行告别仪式，告诉自己，只要你自己不放弃，坚信自己的力量，那么你就能在这世间创造最大的奇迹！

人为肉体凡身，原本没有什么不同，是我们在绝望面前所做的选择，是我们在经历绝望时的成长，让我们有了自己的个性，有了属于自己的人生——这样的成长，本身就是一种值得纪念的仪式。

美国的一位穷困潦倒的年轻人，为了演戏，经常挨饿，但是他却在忍饥挨饿的情况下写出了一部又一部剧本。

为了能有机会进入演艺圈，他仔细研究过好莱坞的500家电影公司。后来，他根据自己认真划定的路线与排列好的名单顺序，带着自己写好的剧本，去拜访这500家电影公司，遗憾的是，500家公司中没有一家愿意聘用他。

面对这500次的拒绝，他有过放弃，有过失望，但他并没有绝望，开始寻找解决的办法。他坚信自己写的剧本是最好的。

既然是好剧本，就能经得住考验。于是，他摆平心态，继续第二轮的拜访，这次跟第一次一样，得到的仍旧是拒绝。

在经历了第一次失望后，又经历了第二次的绝望，但是他仍旧没有死心，反而变得异常坚强。他进行了第三次拜访，但依然是拒绝。他又继续第四轮拜访，当拜访完第349家后，第350家电影公司的老板居然破天荒地答应看他的剧本了，并说看完后回复他。

几天后，这家公司请他前去详细商谈。

一切在他的预料之中，这家公司决定投资开拍这部电影，并请他担任自己所写剧本中的男主角。这部电影名叫《洛奇》。

他就是席维斯·史泰龙。在这部叫《洛奇》的电影上映后，他和这部影片一举成名。

在这个竞争激烈的社会中，我们每天都会面临着很多风险，一不小心就会被社会所淘汰掉。与一般人相比，经历过绝望的人，往往能够更加理性，也比一般人更加成熟；经历过绝望的人，才能够正确认识自我。

我们只有经历过绝望，才能看到美好的希望；只有在数九寒天的黑夜里挨过冻的人，才能真正体会到阳光的温暖；只有坠入无尽的虚无之中，才能体验到这个世界的美好。一个人不一定非要行走在高原大漠，但内心一定要海阔天空！

所以，无论你的生活多么糟糕，无论你经历过怎样的绝望，都要告诉自己，与其静等灭亡，不如努力拼搏，相信你一定能迎来人生的大逆袭！

世间不如意事十之八九，唯有自己强大的内心，才能拯救自己于水火之中。

我的一个朋友说过，摆脱绝望最好的办法是变得勤劳，即“多动脑、多动心思、多行动”。的确，当我们绝望时，会变得很“懒”，因为害怕失败，我们脑海中每出现一个办法，就迅速被否定。否定的次数多了，我们就会否定自己，从而拒绝成长。

无论是在生活还是在工作中，我们只有挥刀斩断自己体内的懒惰，斩断阻碍自己前进的不自信，持续恒久地去做自己的事情，我们才能发现更大的世界，并像英雄一样发出耀眼的光辉。

不管在什么情况下，认准一件事后，只要还没有到结局，你就得用一辈子的时间坚持做，相信你在经历人生的风雨之后，会看到美得绚烂的彩虹！

所以，我们要趁着大好青春年华，好好历练，好好争取，好好成长。

俗话说："台上十分钟，台下十年功。"不要只看到别人抛头露面的风光，也要明白，他们在台下，也有你不曾看见过的十年孤寂、隐忍、磨炼、坚持！

磨难，助你完成人生最华丽的蜕变

普鲁塔克说："衡量一个人，可以看他在不幸之下保持勇气、信心的方式怎样。"的确如此，有多少人，面对磨难选择自暴自弃，最终葬送在磨难之中。而对于那些勇敢的人来说，他们会从最初的慌张和束手无措，到从容地面对苦难、战胜苦难，再到最后的笑对磨难、品味磨难，享受磨难带来的痛苦——是的，在他们的努力下，磨难不但没有毁掉他，反而成为他们求之不得的机遇。他们借助磨难，完成了人生最华丽的蜕变！

对于我们每个人来说，磨难不是我们生活中必不可少的经历，但一个人若不经受痛苦和磨难，就无法体验到生命的精彩。克服了生活中的磨难，就意味着你即将登上人生的更高的阶梯。

巴雷尼年幼时因病残疾，突如其来的灾祸让可怜的巴雷尼痛不欲生。那段日子，他躲在家里，不想出门。

看到巴雷尼这个样子，他母亲的心如刀绞。但她想，孩子现在最需要的是鼓励和帮助，而不是妈妈的眼泪。

母亲来到巴雷尼面前，拉着他的手说："孩子，妈妈相信你是个有志气的人，希望你能用自己的双腿，在人生的道路上勇敢地走下去！你能够答应妈妈吗？"

母亲的话，像黑夜里的灯照亮了巴雷尼眼前的路，他孤独的心仿佛有了依靠，他一边点头，一边扑到母亲的怀里大哭起来。

从那以后，这位勇敢的母亲只要一有空，就教巴雷尼练习走路，做体操，两人常常都累得满头大汗。在母亲的鼓励下，巴雷尼开始进行各种高难度的锻炼。

有一次，母亲得了重感冒，她想，做母亲的不仅要言传，还要身教。她发着高烧，坚持按计划帮助巴雷尼练习走路。

巴雷尼看着从母亲脸上淌下来的汗水，被深深地打动，他在心里对自己说："今后，无论发生什么，我都要像妈妈这样坚强地撑下去。"

那天，母亲咬紧牙关，硬是帮巴雷尼完成了当天的锻炼计划。也是在这一天，母亲的榜样作用，深深教育了巴雷尼。他终于经受住了命运给他的严酷打击。

从此以后，巴雷尼一边用体育锻炼弥补残疾给他带来的不便，一边刻苦学习。

他的学习成绩一直在班上名列前茅。

高中毕业后，他以优异的成绩考进了维也纳大学医学院。

大学毕业后，巴雷尼克服各种困难，致力于耳科神经学的研究。

几年后，他登上了诺贝尔生理学和医学奖的领奖台。

有人说，磨难是造物主恩赐给我们的一剂良药，它可以医治我们身上的许多毛病。比如，磨难增加了我们生命的韧性，让我们的意志力更加坚韧；磨难让我们懂得珍惜当下平静的生活，唯有在磨难面前，我们才会怀念之前平和安稳的日子；磨难让我们学会豁达与平静，不再怨天尤人。磨难不为人们所喜，但它从另一种角度告诉我们，什么是爱和珍惜。

磨难，能铸就我们不屈不挠的意志，激发我们身上的潜能。所以，我们不要害怕遇到磨难，正是磨难，让我们的生命有了价值，我们的意志才更加坚定，我们的思想才更加成熟。

她出生在湖南长沙一个书香之家，天生聪慧美丽。8岁那年，她陪同学去报考北京舞蹈学院，当时学院在湖南省只招录三到五个学生，本来酷爱读书并渴望成为一名教师的她，却因为优越的先天条件被主考老师录取。

能上北京舞蹈学院，在别人看来她似乎进入了艺术殿堂。而实际上，学习芭蕾舞枯燥而艰辛。加上老师的要求极为严格，每天光踢腿就得几千次。穿着尖尖的鞋子，全身的重量都集中在脚尖上，一天练习下来，脚尖都磨出了血，脱袜子的时候，血都粘上了，钻心的疼。练习时间长了，脚趾甲翻起来，最后慢慢地都掉了……这种痛苦的训练让年少的她曾有过无数次想放弃的念头，不过，她最终还是坚持了下来了。

在北舞期间，著名导演王扶林慧眼识才，让毫无表演经验的她在电视剧《庄妃轶事》中出演庄妃的妹妹“小玉儿”。这是她第一次出演电视剧中的角色，也是她从舞蹈界跨越到影视界的第一次尝试。

北京舞蹈学院毕业后，她顺利地考进了中央芭蕾舞团，成为该团最年轻的主要演员，经常参加世界各国的巡演。在众多舞者中，她像只出众的天鹅，其娇艳的美貌和高雅的舞姿十分引人注目。

在一次去香港的巡演中，她精湛的舞艺和优雅的气质深深吸引了美国顶级舞蹈学院朱丽亚艺术学院的一位系主任。系主任在后台找到她，并递给她一个纸条，对她说：“去美国进修现代舞和芭蕾舞吧，你的才华需要得到释放，世界也需要你的舞蹈。”

15 岁的她为了心中的艺术，告别了恩师和家人，带着 200 美元来到了朱丽亚艺术学院，主修电影表演，辅修舞蹈。

在朱丽亚艺术学院，她为了赚取学费，过着“半工半读”的艰辛生活：在餐馆端盘子，在学校做洗衣工、邮递员等。求学生活非常窘迫，有很多次，她甚至连房租都交不起，一次次被房东赶出门。

即使生活如此窘迫，她依然拒绝了杂志《花花公子》以25万美元为酬劳向她发出的拍杂志封面的邀请。她拒绝的理由竟然是：自己跳芭蕾舞的服装和舞姿是为了艺术，而《花花公子》是娱乐。

这件事在西方新闻界引起轰动，媒体竞相报道，称她是“挺着脊梁骨的东方美人”。

她就是著名演员彭丹，一个在电影、电视、歌唱、舞蹈四个领域都有涉足与发展并取得成绩的四栖明星。人们称她是“爱心大使”和“红色艺人”。

她的成就和名气不是因为她有风情万种的外表，而是她那高尚的品格、坚定的信念和传奇的经历。惟其如此，她才抵御了《花花公子》的名利诱惑，被誉为“挺着脊梁骨的东方美人”；也惟其如此，她集美貌、才艺、爱心、财富和可敬于一身，多次荣获“五个一工程”奖。

作为在世界选美舞台上荣获三连冠的彭丹，品貌兼优，德艺双馨，以其强大的人格魅力为国争光，为民族争气，令人肃然起敬。她是一位肩负着使命的艺术家，一位优雅而传奇的女神！

磨难是智慧的第一抹曙光。因为人生的许多道理，不是单靠容貌和聪明就能够理解的，而是要靠痛苦的磨砺，执着的坚守，方能彻悟。

如果说快乐生活源于好的心态，那么经受痛苦的折磨则会让心灵变得强大；如果说快乐带来的是生活的享受，那么磨难带来的则是快乐生活的真谛。一个人若不经历磨难，就不能深切地体会到快乐生活之道，不能感受到生命的丰盈之美！

纵观那些成功者的过往，你会发现，他们经历过无数次的磨难，那些磨难非但没有把他们压垮，反而赠予他们生命的韧性，让坚强不屈、开朗乐观、豁达超然的品格根植在他们生活中，流淌在他们血液里，每每遇到苦难，他们想到的就是面对、克服……是这些磨难，帮助他们跨越了生命中一道道坎坷。

更为可贵的是，磨难铸就了成功者那种屡败屡战的个性。让他们无论做什么事情，都不会计较得失。迎难而上已经成为他们的习惯，与成功还是失败无关。

人的生命就像四季轮回，既要经历明媚的春天、丰硕的秋天，也要经历酷热的夏天、严寒的冬天。唯有这样，我们才能体会到四季不同的美妙之处，生命也因此变得丰富起来。

第2章

掌控自己，让你人生的每一刻都充满仪式感

法国童话《小王子》里说：“仪式感就是使某一天与其他日子不同，使某一时刻与其他时刻不同。”

自我控制是强者的本能

每一个自律的人，都是一个注重仪式感的人！

马克思说："道德的基础是人类精神的自律。"律，法也，引申为"约束"。自律，就是自我约束。我们针对自身的情况，以一定标准和行为规范指导自己的言行，是严格要求自己和自觉规范自己的一种意识和行为。

一个常年自律的人，就是一个常年生活在仪式感里的人。这样的人，一定会度过一个快乐的人生！

但凡成功的人，大多都是自律的人。严于律己的他们，用自律铸就自己坚强的个性，让自己变得坚韧不拔，最终成就伟业，做了自己的王。

2018 年 6 月 14 日，俄罗斯世界杯开幕式在莫斯科卢日尼基体育场举办，32 强汇聚在俄罗斯，四年一度的足球盛宴正式拉开帷幕。

世界杯是强者的较量，它的精彩之处在于所有队员都各显神通，竭尽全力地去拼搏。球迷不仅可以从比赛中享受激情、快乐，还能收获很多人生感悟。

在葡萄牙与西班牙的比赛中，已经33岁的C罗创造了奇迹。他在比赛的最后几分钟，在2: 3落后于西班牙时，在依然被西班牙压制的情况下，为球队扳平一分。为此，有人说，葡萄牙是C罗一个人的球队。罗纳尔多评价梅西踢球是魔术化，而C罗却有超强的进球意识。这一战，C罗也走向了自己的神坛。

这位33岁的葡萄牙当家球星，面对强敌西班牙，一人独进3球，以一己之力拯救整个国家队，炸翻了全世界的朋友圈！

2008年5月份，C罗面对媒体自豪地说："如今的我，有着23岁的身体。"33岁的年纪，不输23岁的体能和竞技状态，C罗到底是如何越活越年轻的呢？

俗话说："养兵千日，用兵一时。"世界上最伟大的球员没有什么秘密，有的是十几年如一日的自律生活。

作为运动员的C罗拥有足坛最完美的身材，他那一身堪称完美的肌肉可不是简单健身就可以保持的。这源于他多年来科学、严格的自律，他不但吃的精，平时锻炼也勤。

他只吃低脂低糖食物，就连他爱吃的西班牙传统烤鳕鱼也成为他偶尔的奢侈餐，另外他拒绝任何酒精饮料。

他每天都花几个小时坚持各种力量锻炼，哪怕是集训后回到酒店，其他队员都选择休息或娱乐，他仍然在房间里做仰卧起坐。他每天都会花一个小时做3000个仰卧起坐。就连短暂的业余时间，他都要在家里锻炼。

30 岁，对于足球运动员来说，已经是职业生涯的分水岭。而 C 罗在 30 岁以后却比之前更加强大：在俱乐部层面率皇马三度蝉联欧冠冠军，国家队层面带领葡萄牙豪夺欧洲杯冠军，五座金球奖加身，赫然已是当今足坛第一人。

根据尤文图斯的体检报告，C 罗身体内的脂肪含量只有 7%（体脂率），这个数字是相当惊人的，一个普通成年男性的体脂率一般是 15% 到 18%，而职业足球选手的平均水平是 10%，C 罗的数据显然鹤立鸡群。

另外，体检报告数据显示，C 罗身体的肌肉含量为 50%，而职业球员的平均水平大概在 46%，C 罗的肌肉比率已经接近健美运动员的水平了。

有人说，C 罗的肌肉太多，这会影响他在球场上的速度和灵活性。可实际情况却不是这样，在 2018 俄罗斯世界杯上，谁是单次冲刺速度最快的球员？答案不是姆巴佩，而是 C 罗。在一场比赛中，他跑出了 33.98 公里的单场最长距离，为本届世界杯之最！

beIN 的报道甚至称，33 岁的 C 罗，现在拥有 20 岁的身体，他的生理年龄比实际年龄小 13 岁之多。这虽然是媒体较为夸张的赞美之词，但不可否认的是，自律性强、格外努力的 C 罗，确实是战胜年龄的存在，他自己表示能踢到 40 岁，从目前的情况看，这并非没有可能。

足坛的 C 罗，堪称当代职业运动员的楷模，由此来看，越是站在世界之巅，越懂得自律的意义！

自律是约束内心的一种能力，它要求你必须时刻警醒，竭力与懒惰的倾向作斗争，内心洞悉而练达、沉稳而睿智、淡定而从容，忍得住孤独、耐得住寂寞、挺得住痛苦、顶得住压力、挡得住诱惑、经得起考验、受得起打击。

法律条文、道德规范都是“他律”，法纪制度规范是外在约束的根本，但不是自我内心的本真，只有出自个人内心的主动“自律”，才是实现自我发展的根本途径。否则，一味地任由内心私欲膨胀、由着性子胡来，终会自毁前程。

有人说：“人的一生是为欲望而生的一生，也是与欲望抗争的一生。”成功人士大多是自律的人，他们在面对诱惑的时候，表现得气定神闲、胸怀坦荡。

法国数学家、物理学家帕斯卡也说过：“人类的一切痛苦源于无法在安静的房间独自坐着。”这句话讲的就是自律的重要性。巴菲特也说：“我今天的投资成就，依靠的是自己自律和别人愚蠢。”

巴菲特 1965 年执掌伯克希尔哈撒韦公司，在他担任公司最高领导者的几十年里，公司每五年间业绩都超过标普 500 股指。

2011 年，巴菲特在印度接受访问时，曾有记者问他：“我们都知道，您是特别聪明的人，同时您也严格遵循自己的方式投资。是什么让您成为一位了不起的投资者，是智商还是自律？”

巴菲特当时这样回答：“我可以告诉你个好消息，要做伟大的投资者，IQ 不必高得惊人。假如你的 IQ 有 160，把其中 30 卖给别人吧，因为投资用不着那么高的 IQ。你需要的只是适合的特质。你要拥有能够摆脱他人观点对自己影响的能力。

“你要能够观察一家企业、一个行业，在评估一家企业不受到他人的想法影响。这对大多数人来说是很难做到的。

“大部分人有羊群心理，在特定环境下有时行为会出错。互联网上的那些疯狂行为就是这样。我确信，这屋里所有人都是聪明人，能把投资做得很棒……

“IQ160 的人未必能打败 IQ130 的人。他们可能赢，但没有很大优势。有优势的人有这样的特质，他们真正去观察企业和行业，不在乎旁人怎么想、报纸怎么写、电视怎么讲，不去听别人说什么会发生这个、发生那个。

“你必须得出自己的结论，必须根据可以获得的事实去行动。如果没有足够的事实下结论，就当没这回事，接下去做别的。你也得愿意远离那些别人认为很小儿科的事。

“很多人没那种特质、我不知道为什么会这样。很多次有人问我，这种特质是我与生俱来还是后天学到的。我不确定如何回答。但是特质是很重要的。

“如果你自己都不知道答案，就别指望别人会告诉你。如果你自己不知道答案，别人说他知道，那也别因此对自己不够了解事物下结论。

“也就是说，要在股市中立于不败之地，需要有自制力，形成自己的观点，培养适合的特质，这比智商更重要。”

巴菲特说的这番话说明了自我控制的重要性：“看看某只在纽约股票交易所上市的股票，也许它的股价过去 12 个月的价格比以往的低位高出 50%，就在低点上方那么多的位置波动。那你只能静观其变，等到自己觉得真正有吸引力的时候出现。除了等待，你可以把其他一切都抛在脑后。”

萧伯纳说过：“自我控制是强者的本能。”而事实确实如此，那些将自律融入生活的人，总有一天会成为别人生活的榜样和羡慕的对象。

自律能让你拥有一个可以自己掌控的人生，让你的每一天都过得与众不同！

拥有自律，过孤独但自由的人生

知乎上有这样一个问题：你最深刻的错误认识是什么？点赞最高的答案是：“以为自由就是想做什么就做什么，后来才发现自律者才会有自由。”

说到自律，有一个著名的实验，相信大家都知道。

老师在十几个孩子面前放了糖果，老师出去几分钟期间不允许他们吃，可有的孩子马上就吃了，有的孩子能坚持到最后。

实验者在此后 30 年对被试验儿童进行跟踪调查，发现当年坚持到最后的孩子的成就在同龄人排名都是正数 15%，而最先吃掉糖果的孩子排在倒数 30%。

实验说明自律性强的孩子具有延迟满足能力因此会更加优秀。

生活中，我们常常看到有些几十岁的成年只知道吃喝玩乐，每天的日子过得重复而枯燥。这些人的口头禅是：“这日子过得真没劲。”他们的日子为什么过得没劲？是因为他们生活中缺乏仪式感。更确切地说，是不自律。

康德曾经说过：“自律是最大的自由，一个人只有绝对自律才会相对自由。”比如有不少人四十出头就因熬夜、陪客户、喝酒、睡懒觉，而突发脑梗，度过危险期后必须每天大把大把吃药，一点自由都没有了。在这里，自制力意味着健康。

社会学家托马斯用五年时间研究 170 个富有人士的生活，发现 76% 的富人坚持有氧运动 30 分钟以上，因此他创造出“富有的习惯”原则。

放纵自己的欲望是最大的祸害，正如康德所说：“假如我们像动物一样，听从欲望、逃避痛苦，我们并不是真的自由，而是在服从，唯有自律，自律使我们与众不同。”

仪式感

我大学时的一个室友，从大一开始练瑜伽，到现在已经坚持12年了。

在这12年四千多天中，她没有一天间断过：每天早上五点，她不用闹钟，就习惯性地起床，练四十分钟的瑜伽，随后吃早餐，然后神采奕奕地去上班。

12年坚持的结果是，她几乎没生过病，就连偶尔的感冒，也是用喝水和运动治愈的。即将四十岁的她，生过两个小孩，但她身材比婚前还要苗条，皮肤比二十岁时还要紧致、有弹性。

走在人群里，她的气质显得那么出众。每次她们公司去了新员工，都会误以为她是刚毕业的大学生。

许多人惊叹于她年轻美丽的同时，纷纷向她讨要保持青春的秘方。当听到她说五点起床时，他们就会频频摇头，纷纷表示做不到。

悉尼大学的一项心理学研究发现，早起者为人通常更友善，更少出现“黑暗性格”。南怀瑾说：“能控制早晨的人，方可控制人生。”一个人如果连早起都做不到，你还指望他这一天能做些什么呢？古人云：“一日之计在于晨，一年之计在于春。”早上都抓不住，怎么能抓住当天。

早上起来，人体从代谢率最低的睡眠状态中醒来，如能适当运动，有利于提升代谢率，改善血液循环。早上运动，就意味着要早起，而早起的前提是早睡。早睡早起，生活规律，本来就有利于健康。

然而，在这个年轻人都崇尚“夜生活”的时代，夜猫子型的人越来越多，早上五点钟起床，是多少人想都不敢想的事情。

为什么很多人做不到？就是因为缺乏自律性。

有一位朋友曾经意味深长地对我说过这么一段话：“说句实话，自律时我们所要面对的最大的问题，就是孤独。你想啊，一个人每天一早一晚持久地重复做一件事情，确实让人感到枯燥无味。但自律就像蜕变的蛹，在经过一段漫长、痛苦或者前途未卜的经历后成为美丽的蝶。一个人，只有经历了前期的挣扎和锤炼，才会体会到那份悠然自得的从容。”

朋友用比喻形象地道出了一个人自律的重要性。任何一个想成功的人都要自律，不能满足于眼前的一时之快、一时之乐、一时之美，而应着眼于对未来对自身和整体根本利益的考量。

一个能够自我约束和自我控制的人，在人生之路上必定能抵御种种诱惑，规避种种风险，开拓豁达人生。这样的人，不与世俗之人为伍，出淤泥而不染。从这一点来看，在茫茫人海中，自律者又都是孤独者。他们不让外界的“灯红酒绿”扰乱自己，在享受孤独的同时，能够一心一意地在清心寡欲之余，做着自己喜欢的事情。

康德说：“我是孤独的，我是自由的，我就是自己的帝王。”自律的最高境界是享受孤独和自由。因为自律而孤独，因为孤独而成就最好的自己，让自己成为一个自由的人。一个精神和行动自由的人，每天的生活也是充满情趣的！

微信俨然已经成为现代人沟通的主要方式，我们登陆微信时，会看到一个孤独的人背对着我们注视着蓝色的星球。我曾经对这个画面有过疑问，不明白微信的创造者张小龙，为什么设置一个如此孤独的画面。后来我才知道，张小龙在创造微信之前，过了三年的孤独岁月！事实上，张小龙本身也是一个沉默寡言、没有其他不良嗜好的人。

早在大学时代，很有头脑的张小龙就是一个自律性极强、不爱说话的孤独者。他几乎把学习之余的所有的时间都用在 捣鼓电脑上。其他同学聚会聊天玩游戏时，他却在研究电脑程序。

正是因为不擅长与人打交道，他开发了很多需要借助工具完成与周围人的沟通软件。在开发微信之前，他先后开发了 Foxmail、QQ 邮箱，这些产品有一个共同目的：更好、更容易地与他人进行沟通。

外面的世界很精彩，灯火缭绕，美酒咖啡，混在其间的人，通常都是向往繁华和热闹的，因为要与各种各样的人甚至于自己不喜欢的人打交道，所以他们会戴上连自己也讨厌的面具。这样的人，很难让自己做真实的自己，更不会有时间过自己想要的生活。对于自律者来说，他们不会走入这样的场合，也就不会有这种困扰。

孤独是每个人与生俱来的特质。为此，卡夫卡说：“尽管人群拥挤，每个人都是沉默的，孤独的。”但如果我们学会让自己的灵魂与孤独相处，那么我们就会把孤独当成享受，当我们甘愿与孤独相伴，就会实现身心合一的自由。

当一个人缺乏自律的时候，他做事情要么受习惯和诱惑的影响，要么被他人的思想观念所扰，几乎永远不可能去做内心真正渴望的事。

谷歌有位高级工程师，叫马特·卡茨。

他给自己定下了一个“30 天改变自己”的计划，每天做一些之前未能坚持的事：每天骑自行车上班，每天步行 10000 步，每天拍一张照片，写一本 5 万字的小说，不看电视，不吃糖，不玩推特，拒绝咖啡因……

这份计划可以说充满了挑战性，做不到自律的人势必无法完成。但马特坚持下来了。

30 天后，昔日那个肥腻的宅男工程师不见了，他发自内心地喜欢上骑自行车去上班，甚至完成了在非洲最高峰乞力马扎罗山的远足。

心理学家曾经总结过这样的规律：自律的前期是兴奋的，中期是痛苦的，后期是享受的。但有没有发现，大部分人都在自律的中期——痛苦期徘徊太久，以至于把痛苦当作是自律。但当你自律到极致，你会发现：自律能够带给你发自内心的平静和享受。因为你知道，自己在一天天地改变，自律已经变成了一种深入骨髓的习惯。

其实，自律并没有那么难。自律这件事情，不仅仅局限于肉体或者是时间的自我约束，更重要的是思维模式的修正和改变。如果思维转变了，你会在时间、精力、情绪和身材各个方面形成“自律思维”，那么自律就不再困难。

日本著名的马拉松运动员山田本一，曾在自传中写到自己成功的秘密：

“每次比赛前，我都要乘车把比赛的路线仔细看一遍，并把沿途比较醒目的标志画下来。比如，第一标志是银行，第二标志是古怪的大树，第三标志是一座高楼，等等。这样一直画到赛程的结束。比赛开始后，我就奋力向第一个目标冲去，到达第一个目标后，我又以同样的速度向第二个目标冲去。40 多公里的赛程，被我分解成几个小目标，跑起来就轻松多了。

“开始我把我的目标定在终点线的旗帜上，结果跑到十几公里的时候就疲惫不堪了，因为我被前面那段遥远的路吓到了。通往目的地的道路是由许多细小的、易于管理的步骤组成的。

“不要总想着毕其功于一役。慢一点、稳一点，关键在于把大目标分解成易于消化、循序渐进的小目标。”

学会自控，让自己更加优秀

随着社会发展，我们发现，生活太不容易了。每天一睁开眼睛，就有很多事情等着我们来解决，这些事情经常搞得我们焦头烂额、心情焦虑，使得我们动不动就会发脾气。

其实，生活虽然不易，但只要我们想开了，就能够活得更好、更开心。我们必须咬牙坚持下去，因为你现在所付出的辛苦，铸就了更好的明天。

古人云："吃得苦中苦，方为人上人。"这是一个亘古不变的真理。一个人只有吃足够多的苦，才能让自己变得足够优秀，过上向往的生活。

当你不够强大的时候，你连一个小小的机会都争取不到；当你足够优秀的时候，你的面前会有一万个机会，你挡都挡不住；当你强大到能征服一切困难的时候，你想要的一切都会主动来找你。

人生不如意十之八九，但我们为了更好的明天只能埋头苦干，慢慢地使自己成长起来，通过点点滴滴的积累使一鸣惊人成为可能。

所谓成长，就是让你在趔趔趄趄中受伤，在跌跌撞撞中坚强。

现在所付出的辛苦，就是为了搏那一鸣惊人的可能，哪怕机会只有万分之一也值得。我们今天的努力付出，是为了不虚掷光阴，是为了对得起自己的内心，也是为了收获将来更美好的生活。

一个愿意成长的人，是一个高度自律的人；一个高度自律的人，会把身上的缺点转化成优点，从而让自己成为优秀的自己。

对于每个人来说，只要我们能够认清自己，克制身上的劣势，那么终有一天，你的劣势会成为让你引以为豪的优势。

“宝剑锋从磨砺出，梅花香自苦寒来。”我们身上的每一个闪光点，都来自日复一日的对自己“坏习惯”的克制，对自己“缺陷”的修复。这个过程是很艰辛、很磨人的，稍有放松就会前功尽弃。若你能够坚持下来，那么“自律”将会带给你无穷的丰厚回报，甚至能够改变你的命运。

用自律来克制自己性格中的“缺陷”，越早越好，这将有利于你以后的人生之路。泰戈尔说：“要进行严厉的自我克制，因为克制本身就可以作为一种精神寄托。”

通常人们所认同的劣势或缺点，其实都是你变得平庸的借口，就算你拥有最好的竞争条件，借口也会让你安于现状，成为阻碍你前进的劣势。

NBA明星球员伯格士是大家都不陌生的人物。作为一个球员，伯格士的身材并不高，在身高两米都嫌矮的NBA，身材矮小的他，就像一只小黄蜂。

别看伯格士在身高上处于劣势，但他却是NBA表现最杰出、失误最少的后卫之一，他控球一流、远投精准，穿梭在高个儿队员中带球上篮如鱼得水。当他在球场上像一只小黄蜂一样在球场上自由穿梭时，台下的人们都会忍不住为他叫好。

伯格士自小就身材矮小，但他非常爱篮球，几乎每天都和同伴们在篮球场上玩。他梦想着有一天可以打NBA，成为全国皆知的明星球员。伯格士对同伴说：“我长大后要去打NBA。”

那时候，打NBA是所有爱打篮球的青少年的梦想。小伙伴们听了伯格士这话后，都忍不住哈哈大笑，有的同伴觉得他在说笑话。他们认定这个只有一米六的矮个子，是绝不可能进入NBA的。

但是，伯格士并没有理会这些嘲笑，他深知“个矮”的缺点，就坚持用更多的时间来练球，在日复一日的训练中完善自己：他运用了自己个子矮小的优势，行动灵活迅速，几乎没有失误，而且正因为个子小，才使抄球更容易得手。

多年的苦练球的过程，不但让他球艺大增，还让他养成了善于总结的好习惯。最终他成为全能的篮球运动员，也成为最佳的控球后卫。

优秀的伯格士并不是天生的篮球好手。他之所以能有今天，是因为他超强的自律能力，这种自律能力表现在他苦练球技方面。最后他靠着自己的意志与苦练，一步步地把劣势转变成了优势，创造了NBA球场上的一个奇迹！

一个人成功与失败真正的差别，就在于有没有努力前进的活力和动力。而这种活力和动力，需要有足够的自律能力来坚持。

柏拉图说：“自律是一种秩序，是对快乐和欲望的控制。”当我们想要放弃时，我们可以问一问自己：“你在做什么？你不能做什么？什么可为？什么不可为？对你来说最重要的是什么？”同时坚定地告诉自己：“学会严格要求自己，做一个自律的人！”

为什么自律能够带给我们满满的正能量，是因为自律会让我们在某一时刻，用理智决定行为而不是情感。

自律虽然会让我们失去很多“享乐”的时间，但却让我们摒弃了身边存在的各种各样的诱惑，例如电子游戏的诱惑，网络聊天的诱惑，泡沫剧的诱惑……这些诱惑有时会让我们获得一时的放松和心情的愉悦，但这些诱惑就像魔鬼之手，会让我们陷入其中不能自拔，严重地影响着我们的学习和生活。

我们可以想象，在五光十色的大千世界中，如果一个人缺乏自我控制的能力，就会让自己堕落下去，到头来一事无成、害人害己。

人生短暂，我们要想让自己的人生过得有意义，就得严格地克制自己，这样我们才能把有限的时间放到更多有意义的事情上，让我们的生活有更高的品质，同时，让我们的生命按照我们想要的模样灿烂地绽放！

你连情绪都掌控不了，何以掌控未来

有一个男孩脾气很坏。他的父亲就给了他一袋钉子，并告诉他，每当他发脾气的时候就钉一根钉子在后院的围篱上。

第一天，这个男孩钉下了37根钉子，慢慢地每天钉钉子的数量减少了。他发现控制自己的脾气要比钉下那些钉子来得容易些。

终于有一天，男孩再也不会乱发脾气。他将这件事情告诉了父亲。

父亲又告诉他，以后每当想发脾气却很好地控制了自己的脾气的时候，就拔出一根钉子。

一天天地过去了，最后男孩告诉父亲，他终于把之前钉下的钉子都拔出来了。

父亲拉着他的手来到后院说："你做得很好，我的好孩子。但是看看那些围篱上的洞，这些围篱将永远不能恢复到从前的样子。你生气的时候所说的话像这些钉子一样会留下疤痕。假设你拿刀子捅别人一刀，不管你说了几次对不起，那个伤口都将永远存在。话语的伤痛就像真实的伤痛一样令人无法承受。"

我们在不开心的时候，喜欢对身边最亲的人发脾气，这是因为我们知道他们会包容自己，但同时也深深伤害到了你最亲的人。或许你是无心的，但那伤口就像篱笆上的洞，不会再恢复如初。所以，请珍惜亲人给你的爱，不要用语言暴力来伤害他们。

拿破仑说：“能控制好自己情绪的人，比能拿下一座城池的将军更伟大。”一个人若连自己的情绪都掌控不了，何以能掌控自己的未来。

生活不易，我们经常会碰到影响心情的事情。虽然我们没有办法永远掌控外在的环境，却可以掌控自己的情绪。

情绪就像一把双刃剑，你能驾驭它，它就能成为你的好帮手；如果你被它驾驭，任它恣意地扰乱你，它就会破坏你的人生。

无法控制自己情绪的人，一定也无法好好掌控周遭环境里发生的事情。情绪伴随着每个人过每一天，没有人可以避开它，因此必须学着好好了解情绪。

如果你控制不了你的情绪，你就会时刻被情绪左右，你的生活将会随着情绪的波动而混乱不堪，你会随时做出不理智的事情，等情绪平息后，或是后悔莫及，或是极度自责……任由情绪发泄的人，就成为情绪的奴隶，等于是把自己交给了情绪，人生注定失败。

人在一生中能掌控的事情并不多，但我们可以尽量控制好情绪，从而做自己的主人。

任何时候，我们都无法改变别人，哪怕是最亲近的人，哪怕是为了对方好，也不能保证他按我们的意愿行动。但是我们若能控制自己的情绪，就会与周围的人和平共处，我们也就有能力选择自己想要过的人生。一个善于控制情绪的人，才能掌控自己的人生，让每一天都能在快乐中度过。

能控制住自己的情绪，不但是一种美德，更是一种准则。一个能控制自己情绪的人，都是情商特别高的人，对任何人都是彬彬有礼，会让对方觉得如沐春风，感到自己得到了足够的尊重。

我国现代著名历史学家顾颉刚有口吃，再加上浓重的苏州口音，他说话时很多人都听不懂。

顾颉刚在北京大学读书时，一次因病休学回家，在同寝室室友的陪同下登上了回到了苏州的火车。因在火车上，室友们顾颉刚的病而忧心忡忡。

顾颉刚为了打破沉闷的空气，就主动找人说话。他把目光投向邻座一个和自己年龄相仿的年轻人身上，主动和对方打招呼："你好，你也……是……是去苏州的吗？"

年轻人转过脸看着顾颉刚，微笑着点了点头。

"出去……求学的？"顾颉刚想让对方说一句话，就又问。

可年轻人显然并不想说话，只是保持礼貌的微笑点点头。一时之间，双方的谈话因为对方的不配合陷入了僵局。

“你什么……时候……到终点站呢？”顾颉刚不想让自己继续受此冷遇，继续追问着。

年轻人依旧笑而不语。这时，顾颉刚的一位室友看不过去了，生气地责问年轻人：“你这个人怎么回事？没听见他正和你说话吗？”年轻人并不生气，还是报以微笑。

顾颉刚伸手示意室友不要为难对方，室友就不再理这个只会点头微笑的木疙瘩的了。

他们快到上海站准备下车的时候，顾颉刚突然发现那个年轻人不知什么时候已经走了，果盘下压着年轻人留下的一张字条：“兄弟，我叫冯友兰。我对刚才的所作所为感到很抱歉。我也是一个口吃病患者，而且是越急越说不出话来。我之所以没有和你搭话，是因为我不想让你误解，以为我在嘲笑你。”

这位冯友兰，就是我们都熟悉的我国当代著名哲学家、教育家。

一个能够管理自己情绪的人，不管发生什么样的事情，不管遇到什么样的人，甚至是有人故意挑衅，他们都不会为之而愤怒，而会镇定自如，给自己时间，让自己冷静下来再处理事情。这样的人，在管好自己情绪的同时，也树立了自己的形象。

孔子说：“躬自厚，而薄责于人，则远怨矣！”“躬”就是反躬自问，“自厚”并不是对自己厚道，而是要对自己要严格。当别人做错事时，不要像对自己那样严肃地责怪别人。只有严于律已、宽以待人，才能远离别人的怨恨。

负面情绪往往会左右我们的思考方式，当你受到负面情绪的影响，就会失去正确的判断力，即使是一件看似平常的事，也可能因为情绪的影响而做出误判。所以在做任何决定之前，都应该好好整理自己的情绪，避免自己受到情绪的影响。当一个人在生气的时候，很难做出正确的判断，如果无法好好管理自己的情绪，再聪明的人，也容易做出错误的决定。

日本松下公司想招聘一批推销人员，招聘方式是笔试和面试相结合。这次招聘的人员总共就有十名，可是报考的达到几百人，竞争非常激烈。经过一个星期的筛选工作，松下公司从这几百人中选择了十名优胜者。

公司总裁松下幸之助亲自过目了入选者的名字，令他感到意外的是，并没有面试时给他留下深刻印象的神田三郎。于是，松下幸之助马上吩咐下属复查考试分数的统计情况。

经过复查，下属发现神田三郎的综合成绩相当不错，在几百人中名列第二。由于计算机出了毛病，把分数和名称排错了，才使神田三郎的成绩没有进入前十名。松下幸之助听了，立即让下属改正错误，尽快给神田三郎发录用通知书。

第二天，负责这件事情的下属向松下幸之助报告了一个令人吃惊的消息：由于没有接到松下公司的录取通知书，神田三郎竟然跳楼自杀了。当录取通知书送到时候，他已经死了。

原来，神田三郎在得知自己没被录取后，他想到自己如此优秀，对方却有眼无珠，一气之下选择了自杀。

这位下属知道消息后，自言自语地说：“太可惜了，这位有才华的年轻人，我们没有机会录取他。”

松下幸之助听了，摇摇头说：“不！幸亏我们公司没有录取他，这样的人是成不了大事的。一个没有勇气面对失败的人又如何去做销售！”

杰克·韦尔奇认为，一名优秀的职员应该具备出色的情绪控制能力，一个连自己都管理不了的人，是无法胜任任何职位的，当然，最终他也不会成为一名事业成功者。

一个人如果连自己的情绪都控制不了，即便拥有整个世界，你也早晚毁掉一切！

一名初入歌坛的歌手，满怀信心地把自制的小样带寄给某位知名制作人。然后，他就日夜守候在电话机旁等候回音。

他因为满怀期望，所以情绪极好，逢人就大谈抱负。

第十七天，他情绪起伏不定，胡乱骂人。

第三十七天，他因为前程未卜，所以情绪低落，闷不吭声。

第五十七天，他因为期望落空，所以情绪坏透了，拿起电话就骂人，没想到电话正是那位知名制作人打来的。

他为此毁了希望，断了前程。

覆水难收，徒悔无益。我们在为这名歌手深深惋惜的同时，也应更深刻地明白无法克制自己的情绪而带给自己和别人的伤害。

对于自制的问题，作家杰克森·布朗曾经有过一个有趣的比喻：“缺少了自我管理的才华，就好像穿上溜冰鞋的八爪鱼。眼看动作不断可是却搞不清楚到底是往前、往后，还是原地打转。”

管好自己的情绪，是一个人蜕变前的洗礼，是成为一个崭新自己的前奏。只是，在管理情绪的过程中，会让你经受煎熬，但只要你坚持下去，你将终身受益。

一个人若不能很好地管理情绪，在逆境中就会绝望，缺乏继续奋斗的能力。

一、转移坏情绪

不要压制愤怒，而是把愤怒的情绪巧妙地转移。所以需要给坏情绪找个发泄口，尝试多运动或培养爱好来化解不良情绪。当你气愤的时候，慢慢由十倒数到一，并深呼吸，说话的声音及速度要保持平稳；当你对什么事不满的时候，将你的不满写在纸上，并向你的知己、闺密倾吐苦水。然后告诉自己，一切都过去了，该集中精神工作了，那么一切就都会好的。

二、保持乐观心态

宾夕法尼亚大学心理学家马丁·西格曼曾对一家保险公司的销售人员做了一项调查。他把销售人员分为两组：一组能力很强但思想悲观，一组能力一般但高度乐观。两年后，他发现：在第一年，后者的销售额比前者高出了21%，第二年高出了57%。这就告诉我们，积极乐观的心态是你事业成长的助推器。

三、练习不生气

我们都必须认清一个事实：生气无法解决问题，还可能将事情弄得更糟。如果想做出正确的事，就必须避免无意义的发怒。当你生气时，坏情绪就会扰乱你的思绪，进而让你失去正确的判断力，学会整理自己的情绪，并且练习“不生气”，才能利人利己，活得洒脱。

爱人爱己，做一个有温度的人

生命无常而又短暂，我们要善待周围的人，让自己做一个有温度、有灵魂、有情趣的人，让每一天都过得开开心心的。

在生活中，我们生气仅仅是因为我们认为对方这样或那样对待我们，而非仅仅是那个人对你造成了真实的伤害。

庄子说：“不谴是非，以与世俗处。”

当一个人心情不好或是“看不惯”的东西、人、事越多，这个人的气就会越来越多，这样的人境界也就越低，格局也就越小。

我们要想让自己开心一些，就得做一个有温度的人，这样才会少受一些无用的闲气。

有一位富有的老人，无儿无女，又体弱多病。孤独的他决定搬到养老院去，既然要去养老院，那么他现在的豪华房子，也就空下来了。于是，他宣布出售他豪宅。

卖房的消息传出来后，有意购买的人闻讯而至。房子底价是 8 万英镑，但人们很快就将它炒到了 10 万英镑，而且价钱不断在攀升。

面对来来往往的购房者，孤独的老人更孤独了。他深陷在沙发里，双眼忧伤地看着这些精明的购房者，听着他们句句不离“钱”的话，他无奈又无助，若不是身体不好，他是不会卖掉这栋曾经充满他和她妻子欢声笑语的房子的。

他拒绝了那些出高价的购房者。

第二天，一个衣着朴素的年轻人来到老人眼前，弯下腰，温和地说：“先生，我也好想买这栋房子，可我只有 1 万英镑。可是，如果您把住宅卖给我，我保证会让您依旧生活在这里，和我一起生活，我们可以一起喝茶、读报、散步，天天都快快乐乐的——相信我，我会用整颗心来照顾您！”

老人听后，眼神一亮，他看着这位真诚的年轻人，第一次露出了会心的笑容，当即答应把房子以 1 万英镑的价钱卖给了他。

仪式感

一个身上有正能量的人，才能释放出温度。一个有温度的人才能去温暖他人。故事中这位衣着朴素的年轻人，虽然不富有，但他身上那份特有的温度，能抵千金。这温度就是一份担当、一份责任、一份爱心……

用温度来丈量人生的年轻人，用自己的坚持和温暖打动了老人。这是一种双赢的合作，他们带给彼此的快乐，是多少钱也买不来的。

做一个有温度的人，会让你拥有一颗诚挚的心。温度体现着一个人的素养，也是一个人德商的表现。一个有温度的人，会将爱心转化成人生的正能量，去温暖他人。

布鲁斯·温斯坦在《德商，比智商和情商更重要》一书中提出德商的基本原则：不伤害别人，让事情变得更好，尊重他人并友爱。其中，不伤害他人居德商原则之首。如果你想感受别人的温暖，那就要修炼一颗有温度的心，用善良融化坚冰，用宽容稀释矛盾，用自律约束情绪，用友爱温暖旅程！

戴尔·卡耐基是美国现代成人教育之父、美国著名的人际关系学大师、西方现代人际关系教育的奠基人，曾经被誉为20世纪最伟大的心灵导师和成功学大师。关于倾听，他说道："一对敏感而善解人意的耳朵，比一双会说话的眼睛更讨人喜欢。"

有一天晚上，卡耐基到一个著名植物学家家里做客，植物学家很健谈，他滔滔不绝地向卡耐基讲各种千奇百怪的植物的作用。卡耐基饶有兴趣地听着，遇到听不懂的问题时，就像一个孩子似地问一两句、对方立刻热心地告诉他答案。

整个谈话过程，卡耐基都在听植物学家讲。他们结束谈话后，植物学家高兴地握住卡耐基的手，由衷地说道："到目前为止，你是我遇到的最好的谈话专家。"

别看卡耐基在与植物学家交谈时几乎没说话，但他因为懂得倾听，所以获得了"最好谈话专家"的美称。

一个有温度的人，必须学会倾听，倾听是一件很美妙的事情。你倾听别人的故事，自己得到启发，同时也让别人愉悦。

当有一个人能在你面前想到什么就说什么，不用顾忌太多，那么他对你是敞开心扉的，他认为你在他心里有个重要的位子。

一个人应该给身边的人带来快乐，而不是痛苦。这也是一个人的磁场，你的修为决定了你磁场的大小、磁性的优劣。一言以蔽之，人要具有正能量。

那些有温度的人，他们的言行举止、对世界的认知、思维的方式，都感染着我们，我们心里一想起他们，就会觉得很温暖。甚至有的时候，彼此离得很遥远，他也不曾为你做过什么，但却可以跨越时空来到你身边，或者进驻你心里。

也许，只是他们曾经说过的某句话，或者某个眼神，深深地触动过你，让你重新振作起来，找到人生的方向。那是一种人格魅力，他们的身上所散发出来的品质已经光芒四射地照耀着你了。

普希金说：“一切都是暂时的，转瞬即逝。”因此，要学会珍惜你身边的人，温暖你身边的人，懂得感恩和惜福。

玩转高情商，做最好的自己

在我们周围有这样一种人，他们好像永远都是开心快乐的，每天微笑着跟每一个人相处；在跟人沟通时，他们说的话也很顺耳，让你有一种倾诉的冲动；和他们在一起，会让你时时刻刻都充满了安全感。有人称这样的人是情商高的人。

情商，通常是指情绪商数，简称 EQ。戈尔曼和其他研究者认为，情商由五种特征构成：自我意识、控制情绪、自我激励、认知他人情绪和处理相互关系。其实，人的情商并无明显的先天差别，但跟后天的培养息息相关。

情商高的人最显著的特点，就是遇事冷静。他们能激发适当的情绪；能感知他人的情绪；能理解、体会到别人的感受；善于和他人交流与合作。说得通俗一点，所谓的高情商，其实就是让自己和他人都快乐。

一个带给别人快乐的人，他本人就是一个快乐的人。这样的人宽容、大度，更重要的是能够管好自己的情绪，懂得取悦自己。

曾经有一位从小就爱写诗的诗人，在经过多年的努力后，写了很多的诗，有的诗深受读者的欢迎，在业内也算是小有名气了。

令诗人感到郁闷的是，他创作的诗作经常退稿。因此，他开始时常怀疑自己的能力。久而久之，他对写诗失去了兴趣。

有一次，诗人到一座寺院去拜访一位高僧，向禅师说了自己创作方面的苦恼。高僧笑着指着寺院里一株茂盛的植物说："你看看，那是什么花？"

诗人脱口回答："夜来香。这种花只在夜里才能开放，但我很喜欢。"

高僧点点头，说："你说得很对，夜来香只在夜晚开放，这也是它名字的由来。那你知道吗？夜来香为什么不在白天开花，而在夜晚开花呢？"

诗人摇了摇头。

高僧笑着说："很简单，在夜晚开花，开得再美，别人也注意不到，但它开花，并不是让别人欣赏，让别人喜欢，它只是为了取悦自己！它开得美，它感到快乐就足够了。"

诗人大吃一惊，问道："取悦自己？"

高僧解释："那些白天开放的花，都是为了引人注目，希望能得到他人的赞赏。只有这夜来香，在无人欣赏的情况下，它们依然灿烂盛放，芳香自己，它的美和香气只是为了让自己快乐。一个人，难道还不如一株植物？”

诗人听了若有所思。

高僧继续说道：“世界上有很多人，总是把自己的快乐建立在别人的赞美声上，为了取悦别人，强迫自己做不喜欢做的事情，这样做只会限制自己的快乐。人是为自己活，只有自己快乐了，才会把快乐传给别人。所以，我们每个人要学会为自己做事情，学会取悦自己。”

诗人恍然大悟地说：“师父，我懂了。一个人的快乐或是幸福，如果建立在他人身上，自然永远都不会有结果。所以，我们不能活给别人看，而是为自己而活，做自己喜欢的事情，取悦自己，这样才能够做有意义的事情。”

高僧笑着点了点头：“一个人只有在取悦自己的情况下，才不会自怨自艾；只有取悦自己，才能逐步地提升自己；只有取悦自己，才能够影响他人。就像这夜来香，虽然只是夜晚开放，可有很多人，都是枕着它的芳香入睡；也有很多像你一样的人，因为夜来香的香气，而喜欢它的。”

我们活着，不是为了取悦这个世界，更不是为了取悦周围的人，而是用自己的生活方式来取悦自己，自己开心了、高兴了，就会带给别人开心、高兴。

人的一生，什么最重要？答案就是让自己快乐。一个快乐的人一定是一个幸福的人，一个幸福的人，从来不会被世俗的一些杂事缠绕，不会被他人的观点和评说所左右，更不会因为一些小事而自寻烦恼。无论他处于什么样的环境，他都会让自己快乐起来。

一个会取悦自己的人，其生活也是丰富多彩的。哪怕他独自一个人，仍然会去做喜欢的事情。看一场喜欢的电影，听着喜欢的歌，看一本喜欢的书，来一场说走就走的旅行，甚至连发个呆，也是很美的享受。

取悦自己，不是为了抵抗他人、抵抗世俗，而是让自己变得更好的同时，吸引和影响着身边的人和身边的事，传播正能量。

快乐的人吸引快乐的事，这是心想事成的秘密；快乐的人吸引同样快乐的人，这是吸引力法则。

取悦自己，即使你在寂寞中，依然会独自绽放美丽；取悦自己，即使你在孤独中，微笑也会明媚灿烂；取悦自己，即使你是一个人，你的世界也充满生机。取悦自己的人，既能善待别人，也能善待自己；取悦自己的人，能把自己的生活过得多姿多彩。

莫言在诺贝尔文学奖颁奖典礼上，说自己长得丑。小时候村里很多人当面嘲笑他：“你瞧你那个熊样！”学校里有几个性格霸蛮的同学甚至为此打他。

儿时的莫言为此常常流泪，母亲却对他说："儿子，你不丑，你不缺鼻子不缺眼，四肢健全，丑在哪里？只要你心存善良，多做好事，即使是丑也能变美。"

莫言因为母亲的话，在拼搏的路上一直在取悦自己，不断地努力，最终成为一代文豪、大师。

取悦自己最大的特点，就是高高兴兴地接纳自己的一切，不但包括对自我价值的肯定，还包括对自己不足甚至残缺的接纳，对失败挫折的包容。

世间没有真正的完美，只要你能欣赏自己的可爱之处，那么你就会快乐。因为快乐，你会微笑着对待周围的人；因了你的快乐和微笑，你周围的人也会被你感染而快乐起来。

"我身上有那么多优点，我好爱我自己啊！"当高情商的人这么对自己说时，他们会改变自己，直至无限靠近完美——成为最好的自己。正所谓："悦人者众，悦己者王。"

自我欣赏，然后把这个优点加以激发，让自己每天都有进步，让自己每天都为自己的进步快乐、开心，那么，你在让自己变得越来越好的同时，成功也会悄然而至。

为什么有那么多大器晚成的人？就是因为他们随着年龄的增长，就不想再取悦他人，而是选择取悦自己。

当一个人开始取悦自己时，其身心就会变得更加美好，并且不断地"完美"起来。在这个浮躁、急功近利的时代，你的美好与安静，对他人来说，是无价之宝。

不要总是为了取悦别人，而为别人付出太多，这会让你变得脆弱不堪，当你的利用价值被别人完了，你在别人眼里就一文不值了。

所以，我们要在不自私的同时，学会爱自己，宠自己，发现自己的可爱和美好之处，把更多的惊喜和快乐留给自己。

只有取悦自己，别人才会来取悦你，你的价值才能真正大放异彩。

与自己和解，做情绪的主人

蔡康永称，情商高并非是指不发脾气，而是要合理地发脾气，让自己的情绪可以顺畅地表达，舒服地做自己，才能让自己和世界都开心。

心理学家认为，当真实的情感与想法得不到表达时，它们并不会自动消失，而是被压抑了下去，变成抑郁或焦虑。一个高情商的人，应该懂得自然地表达自己的情绪，而不是压抑它。

我有一个远房表姐，原本性格开朗温驯，结婚后脾气却变得暴躁不安，动不动就跟丈夫吵架。青春期的孩子受不了他们天天吵架，曾经离家出走过很多次。丈夫为了躲她，经常借口加班不回家。时间长了，表姐竟然得了轻度抑郁症。

心理医生在帮她治疗时，她愤怒地向医生抱怨，她的丈夫不关心她和孩子，对这个家不上心……

医生在了解她的真实情况时发现，家里人对她一直很迁就，而我表姐发脾气的根源，就是不懂得控制自己的情绪。通俗地说，是不够成熟。有时就因为一件不值得的小事，甚至是连事情的根源都不了解的情况下，立马就发脾气。

有一次，她丈夫过生日，她特意早早回家，精心为丈夫准备了礼物，还买了蛋糕，又做了一桌子丰盛的菜。正当她满心欢喜地等待丈夫时，接到丈夫的电话，丈夫告诉她：“老婆，对不起，今天公司加班，我为了……”

“什么？我为了你过生日……”她听完大怒，在电话上把丈夫骂了一个狗血喷头，“你如果今天晚上不回家，你永远别回来了。”

她挂上电话后，气得差点把桌子掀翻，恰在这时儿子回家，不知情的儿子，向她讲起今天考试：“妈妈，我们今天周测，有一道题我做对了，后来检查时我又改错了……”

她的情绪正好没有发泄的地方，不管三七二十一，对着儿子好一顿数落，儿子气得转身回房间锁门，晚饭也没有吃。

这时，丈夫回来了。原来，丈夫开始想打电话告诉她，今天公司加班，他为了早点回家，中午饭他没吃就在赶工作。他打电话给老婆，本来是想炫耀一下的，结果……

事后，她得知儿子那次周测考得很好，儿子检查时先是把对的改错了，后来又改回来了。儿子是想在她这里“显摆”的——结果，她不分青红皂白地大发脾气，把家里搅得乌烟瘴气。

成熟的人有两个显著的标志，一是能接受自己，二是能控制自己的情绪。动不动就发火的人，实在不够成熟。找到发脾气的根源在哪里，学会不失控，了解自己每一种情绪的出现理由，与自己和解，方能慢慢走向成熟。

1983年的一天，在美国亚利桑那州图森市的一家医院，一个女婴呱呱坠地，令她的父母感到吃惊的是，女婴没有双臂。

女婴在父母的关心呵护下，逐渐成为一个可爱的小女孩。然而，随着女孩年龄的增大，她发现自己与同龄的伙伴有所不同，每当她看到小伙伴张开天使般的双臂，在阳光下欢快奔跑的时候，她就非常伤心。渐渐地，她变得内向，每天一副郁郁寡欢的样子。

有一次，她从外面跑回家，向母亲哭诉命运对她的不公时，母亲语重心长地对她说：“孩子，上帝的确有些偏心，但上帝是要送给你更多的梦想，要让你用行动去告诉人们——即使没有翅膀，也可以高高地飞翔，就像没有修长的十指，你同样可以弹出美妙的琴声，可以写出漂亮的字……”

“我真的能做到那些吗？”女孩不相信地问：“我连双臂

都没有啊。”

“只要你肯努力，你就能做得到。”母亲鼓励她：“相信自己。”

母亲的话像黑夜里的一束光，照亮了女孩前行的路。

从那以后，女孩不再沉沦，她开始接受自己的不完美，每天起床后，她会对着镜子中的自己说：“你要相信自己，别人做到的事情，你一样能做到。”

女孩开始变得快乐起来，她想：“我有一双非凡的脚，不仅可以奔跑，还可以飞翔。对，我要像鸟儿一样在天空自由飞翔。”

在父母的帮助和支持下，女孩开始有计划地锻炼自己双脚的柔韧性、灵活度和力量。

带着对美好未来的憧憬和希望，她克服了人们难以想象的困难，经历了谁都无法数得清的失败，最终在人们的惊讶中，练出了一双异常自由灵活的脚。

她不仅能用双脚吃饭、穿衣，实现了生活的自理，还学会了用脚弹琴、写字、操作电脑……她用双脚做到了几乎是常人所能做到的一切。

女孩儿开始在人们面前自豪地展示自己非同寻常的“脚功”，微笑着面对来自周围的奇怪眼光，当女孩能够用脚灵活做双手完成的任务后，人们对她敬佩不已。

14 岁那年，女孩已经可以像正常人一样用脚干活了。于是，她扔掉了那副装饰性的假肢，穿着漂亮的无袖上衣，快快乐乐地行走在校园、商场、街区……那自信的样子，就好像她也有常人那样的一双臂膀一样。

面对每天都进步的自己，女孩在心里为自己叫好的同时，继续创造着奇迹的脚步：她刻苦学习，作业写得工整漂亮。从小学到中学，她的学习成绩一直名列前茅，老师和同学们一提到她，都赞不绝口。

多年后，当女孩拿到亚利桑那大学的心理学专业的学士学位证书时，一家人幸福地拥抱在一起。父亲自豪地鼓励她："孩子，你还可以做得更棒！"

"是的，我还可以做得更棒！"女孩自信地笑着附和，"我要继续努力了。"

为了增强腿部肌肉的力量、保持腿部的灵活性与韧性，女孩坚持跑步、游泳，在她的坚持下，她不但成为泳池里自由穿梭的"美人鱼"，还成为一家跆拳道馆里小有名气的高手……

一位医生曾指着给她拍的X光照片，惊奇地说："太神奇了，她经过锻炼，她的双脚已变得异常敏捷，她的脚趾关节已像手指关节一样灵活自如了。"

女孩仍然不满足自己目前的成就，她又走进了汽车驾驶学校。在教练员惊讶的关注中，她很快便掌握了驾车的各项技术，通过了近乎苛刻的各项考试，顺利地拿到了驾照，开始用双脚娴熟地驾车御风而行……

接下来，女孩儿要去圆自己心中埋藏已久的梦想——她要亲自驾驶飞机，拥抱苍穹。

帕里什·特拉威克是一位著名的教练，他曾经培养出许多飞行员。当他看到亲自驾车来报名的女孩时，直觉告诉他："这个女孩一定会飞上蓝天的，她就像一只矫健的雄鹰那样，不仅仅因为她那娴熟的驾车技术，还因为她目光中流露出的从容、淡定与果决。"

果然，女孩儿在学习飞机驾驶的时候，专注、认真、刻苦、沉着，她丝毫不逊色于那些身体健全的飞行员。她一只脚操纵着控制板，另一只脚操纵着驾驶杆，滑行、拉起、升空……她冷静、沉着，每一个动作都十分准确、到位，比不少学员表现得都出色。

25岁时，女孩如愿地拿到了轻型运动飞机的私人驾照，成为美国历史上第一个只用双脚驾驶飞机的合法飞行员，开创了飞行史的先例。女孩儿的名字叫做杰西卡·考克斯。

很多年后，教练帕里什·特拉威克回忆说："事实证明，她是一个优秀的飞行员，她驾驶飞机时非常冷静和稳定。一旦你和她在一起待上20分钟，你甚至会忘掉她没有双臂的事实。她向人们展示，人可以克服所有的限制，她真是太令人难以置信了。"

杰西卡·考克斯之所以能够成为美国家喻户晓的英雄，是因为她能聪明地跟自己的情绪和解，虽身体残疾，但她通过不断地努力来与自己和解，最终靠自己的双脚开辟了属于自己的人生之路。

杰西卡・考克斯的故事给世人带来了巨大的心灵震撼和精神鼓舞的同时，也在告诉世人，只要我们愿意与自己和解，快乐和幸福就会如影相随；只要我们愿意与自己的情绪和解，我们会把一切不可能变成可能。

遗憾的是，很多人都无法做到这一点，他们因为无法掌控自己的情绪，把自己好端端的健康的身体弄得一身病；因为无法控制自己的情绪，在冲动之下做出伤害亲人的事情。更有甚者，在暴怒之下举刀砍向对方，在毁了别人的同时，也毁掉了自己的人生。

情绪失控经常出现，这并不可怕，可怕的是听之任之，让自己成为情绪的傀儡。我们应该让自己冷静下来，正视这些情绪，去理解它们，控制它们，从源头上改变这些情绪。

无论我们处在哪种境遇，都要学会一件事——与自己和解。与那个别人眼中的自己和解，与以前的自己和解，与“我命由我不由天”的自己和解。

那么，如何做到跟自己和解呢？

一、毫无保留地接纳自己

要让自己从心底明白，这个世界上，并没有完美的人，每个人会有缺点，我们能做的只有不断努力，努力发现自己的优点，包容自己的缺点，并努力让自己成长成为自己喜欢的那个自己。

二、善待自己，从感恩自己开始

每个人都会有心情不好的时候，这时，你要学着做一个会感恩的人。要从感谢自己的坏情绪开始，当你焦虑、烦躁、生气时，你不要拒绝它，而是拥抱它，只有真诚的接纳自己的坏情绪，并把它当成自己的朋友一样对待，才能很好的与它相处，也才能跟他和解。

三、真正地爱上自己

一个人要拥有爱自己的能力，努力做一个真正爱自己的人。一个真正爱自己的人，才会爱他人。我们要学会建立边界，自己与自己的边界，自己与别人的边界，边界越清晰，关系越能长久。

四、用微笑温暖自己和身边的人

要学会用心感受身边的发生的小事，做一个经常微笑的人，用心对待生活中所发生的事情。要相信生活中的我们，都是一个平凡的人，卸下伪装，一个暖心的微笑，既能温暖自己，也能温暖身边的人。

“情绪”是一种生物特质，我们无法与其剥离。情绪的发展和变化因人因时因地因事产生。情绪在制约人，也在成就人，还在损害人，不同的情绪塑造不同的生活。我们要管理好自己的情绪，形成我们自己需要的情绪，使情绪获得应有的表达和展示机会。

我们不仅需要积极的情绪，还需要消极的情绪；不仅需要克制，还需要发泄；不仅需要防御，还需要利用。我们要明白控制情绪是我们为人做事乃至成败的重要因素，我们只有挖掘积极情绪和善待消极情绪，才能更好地把握和管理自己，做情绪的主人。

第3章

幸福的心境，是洋溢在脸上的微笑

著名心理学家提摩太·卢克说：“一个人要想获得幸福的心境，最好的方法就是守住心灵的宁静、淡泊与自由。”

岁月静好，现世安稳

《诗经》中有一句：“宜言饮酒，与子偕老。琴瑟在御，莫不静好。”这种安逸美好的生活状态是我们每一个人都向往的。

说到什么是幸福，每个人的回答都不一样：有的人说有钱就幸福；有的人说有健康就幸福；有的人说一家人平平安安就是幸福……这些回答都没有错，只要你心里感觉到快乐，就是一个幸福的人！

我的恩师，是一位年过七旬、饱经沧桑的老人，但她经常说自己是一个幸福的人。

在她 38 岁那年，她的爱人生了一场大病，因为贫穷无钱医治而去世。扔下一个风雨飘摇的家和两个年幼的孩子。

在那个食不果腹，衣不蔽体的年代，她一个弱女子是如何把两个年幼的孩子抚养长大的？其中的艰辛，别人是难以想象的。

然而，命运没有就此停止对她的摧残，她病倒了。

她望着身边的两个无助的孩子，她想起对丈夫去世前的那份承诺：“不管生活多么艰难，我都要保持乐观，把我们的孩子抚养长大。”

她忍受着病痛，暗暗告诉自己一定要活下去。

她慢慢下了床，对着镜子中那一脸憔悴的自己说：“生活中的苦难是来渡我的，我只有战胜它，才能变得坚强起来。”

她说完冲着镜中的自己笑了笑，发现自己笑起来好美。

后来，她的娘家对她伸出援手，山上采的草药治好她的病。

如今，走过了七十多个春秋的她，看着孩子们都成家立业，生活得幸福快乐，她总是充满眷恋地说道：“这个世界多美好啊，我还要多活几十个春秋……”

恩师的这句话让我感动至深。她饱尝了人世的残酷与不幸，几乎失去了人生最珍贵的一切，但她却依然说自己是幸福的，相信世界是美好的。

我相信天下还有很多人跟我的恩师一样坚强和伟大，虽饱经磨难却依然感受到幸福，可是，为什么大多数人遭遇的苦难没有那么多，我们却感到不幸福呢？

其实，幸福或者不幸福与我们所关注的事物密切相关。我的恩师关注的是人间积极的、美好的一面，因此她即使经历了那样的磨难仍然可以感受到幸福，而我们在遭遇困境时又会选择关注什么呢？

另外幸福与还否还与心态有关。在现实生活中，按照人的心理状态，我们可以将人分为两种人——乐观者和悲观者。

二者之间的差异恰如光明与黑暗之间的差异，尽管他们各自遵循的轨迹并无交集，但是也并不相悖。就二者各自的观点而言，他们都有一定的道理，然而却由此造成了不同的生活状态。他们对待生活的态度决定了他们生活得积极与否，决定了他们的人生幸福与否。

乐观者往往是从整体的角度来看待问题，因此具备获得幸福与成功的心理能力，而悲观者在看问题时则往往存在一定的局限性和片面性。前者会因乐观而使自己的生活明媚灿烂，后者则会因悲观而使自己的生活黯淡无光。

这两种人都是通过自己的内心来构建自己的世界的，只是由于他们各自态度的不同而使得他们构建的生活有了天壤之别。

乐观者能够凭借自身的智慧与见解构建自己的美丽天堂，他们为自己构建生活的过程就是感受幸福、建设成功的过程。

而悲观者则由于自身的局限性，使自己不自觉地深陷阴暗之中，饱受各种负面心理状态的煎熬。

幸福其实就像我恩师的经历所诠释的那样：“你是否快乐或幸福，不完全取决于你得到了什么，更多地取决于你关注的是什么，用心去感受到的是什么。”

乐观者会发现身边的一草一木、行云流水、欢声笑语，都是在向你传递着无边的幸福。人之所以活得不幸福，是因为身处在幸福中而不自知，不懂得满足，心里放不下的东西太多，想拥有的东西也太多。

在喧嚣的尘世，我们要学会宁静地行走，用一颗澄澈的心，看清楚世界的美好，帮助需要帮助的人，爱你所爱，疼你所疼，让人生多一分简约，做一个快乐的人。

无论你的生命中过去有多少辉煌，终究会有繁华落尽、辉煌成为历史、喧嚣归于宁静的时候。当生命开始由最初的疯狂变得淡泊、厚重的时候，我们不再去追逐那些虚无缥缈的东西，而是学着在最深的尘世，沉淀自己，远离浮华，做一个享受幸福的人。

我们要想得到幸福，就要学会关注事物积极的一面，你的成功与幸福就在你所关注的地方，如同我的恩师一样用乐观的心态看待世界。我们只有将乐观变成一种心理本能，才能成就属于我们的幸福。

一、多同拥有积极心态的人相处

多与拥有积极心态的人相处，毕竟积极心态是具有传染性的。不要把时间都耗在是非上，分点精力用来品味生活，这样做会让你的工作与生活更充满热和喜悦。

二、换一种积极愉快的方式来说话

说“上了一天的班，现在可以休息了，真幸福”，而不是说“这一天快累死了，真悲哀”；说“这是上天对我的考验，我一定要积极面对”，而不是说“我怎么这么倒霉”……

三、珍爱自己的生命

世界上再没有比生命更可贵的东西了。千万不要以为停止了呼吸就能得到解脱。活着意味着无限可能，这是被无数人实践证明过的真理。珍爱生命，为自己爱的人和爱自己的人活着，积极快乐地迎接每一天东升的太阳！

世界的脆弱属于每一个人，快乐也属于我们每一个人，愿岁月静好，一切从容！

活在当下，知足常乐

我有一个朋友，她和她爱人都有一份收入不错的工作，家里有房有车，还有一个可爱的女儿。

这样的家庭可以说是幸福的了，但她觉得还不够，经常跟爱人吵架。抱怨爱人赚的钱少，不顾家，不做家务……

她的女儿也很优秀，不仅学习好，还能歌善舞。可是她总说女儿不听话，不爱学习……

在外人看来，她明明生活在幸福之中，为什么她就感觉不到快乐呢?

她经常说邻居的爱人赚钱多、对老婆好、住的房子比她的大几十平米; 说她女儿的同学作文得过奖、数学得过满分。总之，她口中的不幸福，就是不满足，总觉得自己比别人拥有得少。

我常常听人说“知足者常乐”，说得多了，这句话就好像变成了一句口号。在这个满是欲望和诱惑的年代，“知足”变得尤为困难，它可能是很多人一辈子都无法企及的幸福所在。

我的一位医生朋友，向我讲述了一个患者的真实故事。

这位患者也曾有过成功的事业和幸福的家庭。

他事业刚起步的时候，只是个小小的销售员，凭借自己吃苦耐劳的精神，他终于事业有成了。

有一天，他下班回到家，觉得特别累。于是，他对妻子说：“亲爱的，你看我们现在房子、车子都有了，存款也比较充足，我想辞职休整一年，然后再找一个轻松点儿的工作，以后在家多陪陪你，怎么样？”

没想到，妻子翻了一个白眼，说道：“一个男人，不想着怎么把事业越大，倒想着闲云野鹤了，真没追求，这点儿钱你就满足了？我以后还能指望你吗？”

妻子的话深深地刺激了他，他觉得自己的尊严受到了践踏。于是他比以前更拼命地工作，还在妻子面前立下要年赚500万元的豪言。

然而，命运总爱跟人开玩笑。还没等他的事业更上一层楼，他就倒下了。身体越来越消瘦，脸色也日复一日的难看。

他去医院做检查，检查结果让他震惊——肝癌。他一下摔坐在凳子上，医生安慰他说：“注意控制情绪，好好调理，心情愉快很重要。”

拖着沉重的脚步回到家中，瘫坐在沙发上，他发现房子突然变得特别狭小，妻子也成了陌生人，他变得沉默寡言，经常看着天空发呆：自己没机会了，什么金钱，什么事业，什么职位，都没有意义了。

后来他去复诊时，呆呆地望着医生，绝望地说："早点知足该多好，贪心毁了我。"

其实，生命中有很多我们不能承受之重。什么是不能承受之重？并没有一个明确衡量标准。幸福也是一样，幸福就像一根皮筋，我们的欲望越大，皮筋的尺度就越大。假如我们渴望的越来越多，这根皮筋就永远都没有限度。对于一个知足的人来说，就算食不果腹，也能从觅食的过程中找到快乐；但对于贪婪的人来说，就算家里堆着金山银山，他也会惦记着远处的矿山。

我非常喜欢的德国哲学家叔本华说过的一句话："人们很少想到他们拥有些什么，但是却常常想到比别人少了些什么。"

人的一生要追求的东西太多，何时才是尽头？想要生活过得轻松自在，就要学会知足。假如我们一直不满足于现状，一味地追求那些虚无缥缈的东西，只会让自己身心俱疲。

汶川大地震时，我在新闻上曾经看到过这样一段采访：一个中年男人在废墟下等待了8天之后，终于被救起来了。后来有记者采访他：“你从这次死亡之旅中收获了什么？”他面带微笑，缓缓说道：“当你和死神擦肩而过之后，渴了就有水喝，饿了就有饭吃，困了就有床睡，是一件非常幸福的事情。”

是啊，不是拥有的越来越多就幸福，懂得享受当下的一切才会获得最大的幸福。其实幸福在我们每个人的心里，小小的我们，拥有大大的幸福。

我有一个同学，四十年前举家来到我们小镇上，并开了一家商店。

由于他父亲待人热情，为人和善，镇上的居民都爱到他这儿来买东西，他的店一直生意兴隆。

随着时间的推移，小店的规模越来越大，商品的种类越来越丰富，顾客也越来越多。但是老人依然固执地坚持用以前的记账方式，账目经常出错。大家都劝老人买一台电子结账机，可他就是不愿意。

有一次，我的同学翻着父亲厚厚的账本，看着密密麻麻的数字，他非常心疼，问父亲：“爸爸，你还是改一下记账的方法吧，账记得清楚一点，不怕亏本。”

父亲听了他的话，笑了：“账不用算，即使记得不清楚，我心里也有数。”他听完依旧一头雾水：“那您平时怎么知道挣了多少钱呢？”

父亲说“我小时候生活非常艰苦，家在农村，只能自给自足。

你爷爷去世的时候，只给我留下了一双黑布鞋和一条蓝布裤子。之后，我就离开了农村，来到这个镇上。我努力工作养活自己，终于存够了钱开了这家小商店，后来和你妈妈结婚，接着有了你和你妹妹。和我小时候相比，现在的生活已经好了无数倍了，我很满足。因此，我的利润很简单，我现在一切，减去当时的黑布鞋和蓝布裤子，不论收入是多少，我都赚到了。”

听了父亲的话，他的眼睛有点湿，脸上却洋溢着开心的笑，那一刻，他终于明白了，幸福其实很简单，就是满足于当下的生活。

实际上，生活就是个不断充实自己的过程。回首自己走过的路，不仅仅是得失输赢，沿途美好的风景，也是收获。我们应该放宽心好好享受这一路灿烂。

拿破仑用一生征服了欧洲大部分领土，拥有着至高无上的权力，拥有花不完的金钱，然而他却感叹这一生没有一天过得幸福。海伦·凯勒虽然失明失聪，但她总是笑对一切，写下《假如给我三天光明》，激励着人们努力前进。

因此，我们的心境如何，决定我们是否幸福。我们有太多幸福的理由：赶公交车刚好有座位；早上买的包子好像比昨天好吃；终于抢到了回家的火车票；甚至仅仅是因为天气很好，等等。只要我们稍稍降低幸福的标准，丢掉心理上的包袱，必定会每天生活在幸福之中。

知足者常乐，心宽福自来，当你将幸福的标准定在自己踮起脚就可以够得着的地方，那你的福气就真的到来了。

俗话说："人心不足蛇吞象。"欲望谁都有，但我们应该放下内心的欲望，懂得满足，这不仅是一种时尚，也是一种生活方式，让人感受到最纯粹的幸福。人生苦短，及时行乐。多少人把自己幸福的一生葬送在了贪欲的手中。

一、用淡泊的心态对待生活

我们大部分烦恼不是因为拥有的太少，而是想要的太多。庄子曰："其嗜欲深者，其天机浅。"意思就是，一个人的欲望太大，他的智慧和灵性就会减少。因此，我们要减少思虑，用平淡的心境面对生活。但是，平淡生活并不代表安于现状，不思进取。而是要用平淡的心态面对人生。

二、控制自己的欲望和虚荣心

俭朴生活，并不是让人过苦行僧般的生活，而是让人在物质上不要有太高的欲望。俭朴的生活能让人的内心感到十分充实。在这个物欲横流的社会，我们应该控制自己的欲望和虚荣心，才能得到真正的幸福。

三、珍惜当下拥有的一切

当有人抱怨自己生活不如意的时候，我们总爱说他们"身在福中不知福"。不管是富可敌国，还是清贫度日，能够看得到每天的日出日落，就是一种福气了。

世界这么大，一定有人过得比我们更辛苦，我们要珍惜已有的福气，不要浪费任何一份福气，这样人生才会变得有意义。

在这大千世界里，我们要懂得：欲达高峰，必忍其痛；欲想成功，必有其梦；欲戴王冠，必承其重！

认可自己，幸福一直在你身边

二战后的日本，受经济危机的影响，失业人数陡增，工厂效益也很不景气。一家濒临倒闭的食品公司为了起死回生，决定裁员，有三种人名列其中：一种是清洁工，一种是司机，一种是无任何技术的仓管人员。

经理在找他们谈话时，郑重地把裁员意图说给他们听。

清洁工义正辞严地说："我们很重要，如果没有我们打扫卫生，就没有清洁优美、健康有序的工作环境！"

仓管人员自信满满地说："如果没有我们，这些食品岂不要被流浪街头的乞丐偷光了！"

司机毫不客气地说："如果没有我们，仓储物流线就断了，供货会出很大问题！"

经理听后，觉得他们说的话很有道理，权衡再三决定不再裁员，同时还重新制订了管理策略。

第二天上班时，大家看到经理在厂门口悬挂了一块大匾，上面写着："我很重要。"

从那以后，职工们进厂的第一眼看到的便是“我很重要”这几个字。每个职工看到这块匾都认为领导很重视他们，所以，大家工作十分卖命。简单的四个字,却调动了全体职工的积极性。

几年后这家公司迅速崛起，成为日本有名的公司之一。

我们只有看重自己，才能不被人看轻。我们每一个人都要学会从心理上接受不幸和失败，才能更加主动地创造出属于自己的幸福心境。

在追求幸福的道路上，大多数人一直以来竭力在做的是消除痛苦、避免失败。然而，痛苦和失败是客观存在的，它们并不会因为我们的排斥就自动消失，也不会因为我们的努力就不来找麻烦。

一个人无论多么优秀、能力多么卓越，都无法彻底杜绝痛苦和失败。如果我们从心理上将幸福定义为没有不幸和失败，并且一直努力去做这件不可能做到的事情，那么我们就会不断地遭遇挫折，产生深深的无力感，沉陷在各种负面情绪之中，那么就会离幸福越来越远。

这么多年来，我一直致力于幸福之道的研究，并从中学会了调动自身积极性的心理能量，尽可能地减少生命中的不幸和失败，但我不会彻底拒绝不幸和失败。我能够积极地看待并处理痛苦和失败，进而为自己创造出幸福的心境。

面对不幸和失败，我所想的不是如何让它们消失，而是进一步了解从不幸和失败中获得了什么。其实，静下心来，你会感受到痛苦和失败中蕴含的幸福，体味苦中的甜味。

我有一位朋友，他不是那种社会大众认可的成功人士，他只是一个小小的公司职员，但他却从未怀疑自己是个幸福的人。

他说：“我并不是大人物，可是那又有什么关系，我养活了我自己，并且每天为许多同事提供帮助。我是被需要的，我没有必要因为自己是个小职员就否定自己。”

有一天，他遭遇了许多人一生都不会遭遇的不幸。他在下班的路上，被持刀抢劫的歹徒刺成重伤，整整在死亡线上挣扎了10个小时，才被抢救过来，经过两个月的精心治疗才出院。

我去医院看望他，问道：“你还好吗？”

他笑着回答：“是的，我好极了，如你看到的一样，虽然身上多了几条伤疤。对了，你想看看我的伤疤吗，它们有点吓人……”

我看了他的伤疤后，猜想他当时一定伤得非常严重，便说道：“事情发生后你还有意识吗？你当时想了些什么呢，一定恨死那些歹徒了吧？”

“我庆幸我还活着。你知道吗？那些医护人员好极了，只要我睁着眼睛，他们就一直告诉我，我会好的。虽然我从他们的眼里看出‘他是个死人’的信息。我想一定要让他们把我当成活人而不是死人。于是，当我听到护士随口问医生‘还要做皮试吗’时，我用尽力气回答‘当然’。这时，所有的医生、护士都吃惊地看着我，我努力地牵起嘴角，笑着说：‘请把我当个活人来医，而不是死人。’后来，他们真的将我当成活人来医了。”

在许多人看来，我的朋友或许没什么“志气”，但不可否认，他的确是个幸福的人，即使他的成就并不大，即使他遭遇了许多人一生都不会遭遇的不幸。

而朋友之所以能够让幸福感长萦心间，就是因为他接受了挫败、痛苦、不幸，即使身处其中，他也能调动乐观、幽默等积极的心理能量来营造幸福的心境。

我们不应拒绝不幸和失败，你越是拒绝它们，就越是难以幸福，越是承认它们是客观存在这一事实，就越能轻松地应对，你也就能感受到幸福其实一直在你身边。

爱迪生曾经说过：“失败也是我需要的，它与成功对我一样有价值。”

我们为什么总是以这样的心理来对待不幸和失败呢？从深层角度来说，这样坚决地拒绝不幸和失败实际上是一种消极逃避。

每一个人的成功和幸福都是由数次失败和不幸换来的。如果我们一遇到失败和不幸，就对自己失去信心，认为自己这也不行，那也不行，最终自暴自弃，那么我们可能终其一生也感觉不到幸福的滋味。

所以，不管什么时候，都不要看轻自己，而应坦然地接受失败和不幸，认识到失败、不幸与幸福并不矛盾。我们要从失败中积累经验，进而获得成功、畅享幸福。

我们想要获得幸福，就要让我们的内心充满勇气，这样我们才会去面对可能的失败和不幸。

在这里，我需要提醒大家的是，我说的让内心充满勇气，并不是让大家不要恐惧，而是要相信自己，即使心怀恐惧，仍然大步向前迈进。

微微一笑，幸福自来

很多年前，我和表妹回老家，在大街上，我们碰到以前的两个邻居。

第一个邻居以收废品为生。妻子坐在丈夫骑的三轮车上，有说有笑。在看到我们的时候，热情地跟我们打招呼，然后慢慢地向家的方向驶去。

接着，我们遇到了另一个邻居，这个邻居是个生意人。他开着一辆奔驰，旁边坐着美丽时尚的女友。在看到我们后，他就摇下车窗，居高临下地向我们点点头，算是打招呼，而他身旁的女友，则一脸高傲地把头扭向一旁。

他们离去后，表妹不无羡慕地说：“人和人真的是不一样啊，你看人家的女友，长得多漂亮，穿的衣服全是名牌。而那个收废品的老婆，简直就没有办法比较啊。”

我问她：“你觉得是三轮车上的两个人幸福，还是奔驰车里面的两个人幸福？”

表妹想也不想地说：“这还用问，当然是奔驰车上的一对幸福了。”

我说道：“我倒认为骑三轮车的邻居比较幸福。”

看着表妹惊讶的眼神，我接着说：“看一个人的是否幸福，不用看他的外在，就看他脸上的笑就知道了。”

表妹说：“虽然三轮车上的夫妇笑得很灿烂，奔驰车上的那对好像刚吵过架，一脸不开心，但我觉得，坐三轮车上两人的幸福不会长久。”

我笑了笑没有反驳表妹。

前几天，表妹来我家，说开奔驰的邻居破产了，负债累累，房和车都没有了，婚也离了，现在一个人租着一间简陋的房子，靠给人打零工过日子。而收废品的邻居，两个孩子都考入了大学，他们在县里买了两套房子，他们还是骑着那辆旧三轮车，还是那么快乐！

表妹问我：“我想起多年前，你说收废品的邻居是幸福的。你是怎么预测出来的？”

我笑着说：“我可不会预测，我觉得，每个人的幸福感是一样的。如果硬是要给出一个答案，我的答案就是：我觉得收废品的人幸福感会更强烈一些，因为他们的要求不高。他们开朗的笑声，是对幸福最好的诠释。”

一个人是否幸福，与财富、地位、权力并没有关系，幸福在于心境。

根据心理学家的研究，一件事带给人的影响会持续一段时间，在这段时间里我们对这件事的情绪也不会马上消失，只是随着时间的推移，会慢慢减弱。这种具有持续性且有强弱的情绪状态，就是心境。

通俗地说，心境和心态差不多：快乐、高兴的心境会让我们幸福，成为“事事如意”的宠儿；痛苦、忧郁的心境会使我们伤心，仿佛我们的一切都很“倒霉”。

有位朋友向我讲述了她一天不幸的遭遇。

早晨睡过头了，急急忙忙地洗漱完毕，还没来得及吃早饭，便拿着衣服飞奔下楼。结果跑得太急，一不小心把脚扭了。她心里开始抱怨，都怪自己昨天睡晚了，全然没有想起昨晚和朋友聚会的快乐心情。

当她走到公交车站时，刚好她乘坐的公交车已经开走，下一班还要等 10 分钟。她生气极了，觉得自己是这个世界上最倒霉的人。事实上，下一辆公交车过了 5 分钟就来了。

“倒霉”的事情还没有结束，在公交车上，由于司机的一脚刹车，她前面的女孩踩了她的脚。她终于忍无可忍，毫不留情地大声斥责女孩，全然不管女孩已经在不停地道歉。

她带着这样的心情到了公司，见谁都没有笑脸，工作效率也大大降低，临近下班时又被经理批评了一顿。

“我怎么这么倒霉，我的幸福在哪里？”。

她的生活真的如此“倒霉”吗？当然不是。在我看来，她之所以觉得不幸福，是因为她的心态出了问题，她把自己遭遇的问题放大了数倍。在她看来，扭脚是天意，没赶上车和被踩了脚是别人故意与她作对，而被批评更是雪上加霜的“倒霉”。

究其原由，这一切都是她的糟糕心境造成的。如果在她扭脚的时候，她能给自己一个积极的心理暗示，告诉自己：“这是上天跟我开了一个玩笑”；如果在被踩到脚时，她能理解到对方不是故意的；如果上班的时候她专心地工作，不介意那些鸡毛蒜皮的小事……

幸福在于心境。如果我们每天想到的、看到的都是负能量，我们又如何有幸福感？即使身处黑暗，只要我们在心里营造一束阳光，它就能照亮属于我们的整个世界，让我们幸福起来。

所以，幸福不是一件很难的事，它就只是一种心境，当我们觉得自己幸福的时候，幸福就来了。

我们不妨把人生的每一刻都当作一个新的起点，坦然接受无法改变的一切，并用心去发现它的美好。大树有大树的风采，小草也有小草的可爱。人生不是比赛，我们不必拿自己的境遇和任何人比较，因为成功和幸福都没有恒定的标准。如果我们能够顺其自然地去接受一切，生活的一切走向都将由你把握。

著名心理学家提摩太·卢克说："一个人要想获得幸福的心境，就要守住心灵的宁静、淡泊与自由。"

我完全认同他所说的，唯有"宁静"才能"致远"，只有心平气和、踏踏实实地走好人生的每一步，才有可能使自己走得更远。

雨果说："笑，就是阳光，它能消除人们脸上的冬色。"每一次的微笑，都是一种幸福感的绽放，都是值得纪念的时刻。

接纳自己的不完美，人生才能完美

我有一个朋友，她个子不高，长得也很平凡，也没有什么才艺。她觉得自己就像村上春树小说中的人物一样，似乎没有人留意到她的存在。

同样去求人帮忙，美女出场总是顺风顺水，而自己却困难重重，她觉得自己就像一只人微言轻的丑小鸭，生活得特别卑微。

她变得越来越自卑，随后开始自闭，甚至发展到对生活失去信心、开始厌世。

有一天，我刚好路过她家，就叫她出来一起坐坐。我们在一起聊天时，我发现她郁郁寡欢，便讲了一个笑话。她听着听着，原本阴郁的脸上变得轻松明媚。

她嘴角微微上扬，美丽的笑容就像盛开荡漾的花朵。如此迷人的笑容让我感动、震撼，我不由得赞美她说："你刚才的笑容特别美，我都被你迷住了。"

接着，我对她说："如果你仔细观察，你会发现每个人都是不完美的；如果你再用心观察，再平凡的人也有闪光的部分。刚才你的笑容让你光芒四射，我相信你的身上还有很多美好的东西等待着你去发现。"

她听后，认同了我这个推心置腹的提议，她决定去挖掘自己身上的宝藏，学会欣赏自己。最后，她不仅接受了自己，还喜欢上了自己。

因为自信，她竟然奇迹般地创业成功，现在她旗下的连锁店也逐年增加，并且因为经营有方而年年赢利。

我们生活中有很多像我朋友这样的人，他们自尊心强、敏感而焦虑，平时他们跟人相处时，总是如履薄冰。从表面看起来，他们低调内向，不喜欢哗众取宠。其实他们内心也希望被目光聚焦，被人们认可，但同时他们又纠结于自身的不足，担心被人看轻。因为缺乏自信，他们小心翼翼、唯唯诺诺，在成功的期盼和失败的恐慌中一次次否定自己、封闭自己。

因为自卑，人们总是过低地评价自己，人为地给自己制造很多的无形枷锁。不同的人有不同的自省能力，不论是过高或是过低的评价，都会影响到自我的发展。世界上最了解你的人只能是你自己。

我们不妨静下心来，认清自己，对自己做出一个正确的评价，然后摘掉枷锁，接受真实的自己。

有些不完美是我们无力改变的。比如，我们的容貌：个子矮、体形丑、单眼皮、塌鼻梁、招风耳、生来残缺等，尽管有很多人不惜通过整形、美容、修饰、极端减肥来掩盖这些身体的缺陷，但有些硬伤却是不能改变的，况且很多微整形并不能确保百分之百的成功，为了美丽大可不必去冒这样的风险，身体不健康了，要美丽有何用？

在我们身边，美女帅哥越来越多。想要在人群中靠颜值脱颖而出，变得越来越困难，所以，我们不必过于在意自己的外在形象，而是要打磨升华你的内在。

我非常喜欢《阿甘正传》这部电影。主人公阿甘因智商只有75分不得不进入特殊学校，后来他从橄榄球健将，到越战英雄，到虾船船长，到跑遍美国，他虽先天智商不足，但达到了许多智力健全的人终其一生也难以达到的高度。

阿甘在电影的最后说道：“人生就像一盒巧克力，你永远不知道下一块是什么味道。”

我们每个人的生命轨迹都是独一无二的，我们应该认识自己、接受自己，然后去成就自己。如果世界不接纳我们，那一定是因为我们的高度不够。努力去丰富自己，增加自己的高度，有一天，我们也可以站在舞台中央。

一个人必须要正确地认识自己，然后给自己一个积极的评价。有了这种积极乐观的心理暗示，你就会变成一个发光体、一个超强力磁场圈，这样的能量足以让你轻松地面对人生路上的风风雨雨。

所以，我们要学会看到自己的长处，接受自己的不同，给自己打气，给自己加油。

一、多交友，交益友

近朱者赤，近墨者黑。尽可能地利用环境改变自己，多交一些性格开朗、积极上进、乐观豁达等具有优良品质的人。在这样的圈子里，你能够发现、汲取到他人的长处，体验到生活的乐趣，开拓自己的思维，拓宽自己的认知。众多的朋友，还可以丰富你的生活，愉悦你的身心，使你远离自卑，提高自信。

二、增加成功经验

当我们遇到失败时，要懂得及时总结、清空、翻篇，不要让失败的坏情绪影响你的新生活。首先肯定你的优势，将自信植入到你前进的力量中，接着用很多小成功继续累积自信，当这种由少积多的成功和自信累积到一定程度时，你不仅完全摆脱了自卑，拥有了自信，成功也会随之而来。

三、学会深层冥想法

每当我感到紧张的时候，我就会配合腹式呼吸，集中精神总结自己的长处，这样便可在不经意间弱化自卑的心理。比如，每天出发前对着镜子里的自己说，“我是最棒的！”“没有什么事可以难倒我，别人可以，我一定可以！”等等。

每个人都是不完美的，每个人身上都有自己不愿意触碰的阴暗面，亲人朋友不愿意接受，连我们自己也无法面对。于是，我们不惜代价、竭力伪装成人人喜欢的好人，活得很累。

事实上，我们的每个缺点背后都隐藏着优点，每个阴暗面都对应着一个生命礼物：好出风头只是自信过度的表现；邋遢说明你内心自由；胆小能让你躲过飞来横祸；泼辣让你在有些场合不会吃亏……阴暗面也是生命的一部分，只有真心拥抱它，我们才能活出完整的生命。

活在当下，未来只有明天和意外

我大学同学漫漫，毕业之后一直找不到合适的工作。为了生活，她只能做一些兼职，日子过得很糟糕。

她看着其他同学有了相对稳定的工作，有光明的前途，越发感觉她自己没有明天，没有未来。

她沮丧极了，一个人窝在出租房里流眼泪。她不敢去想明天，有时会在孤寂的黑暗里彻夜难眠。尽管日子过得如此不堪，她仍然忍着悲伤给家里报平安，说自己在外面很好……每次挂上电话，眼泪便会掉下来。

有一次，她因为淋雨而发高烧，一个人躺在一个简陋的出租房里，昏暗潮湿的出租屋的天花板上还滴着水。

她越想越悲凉和失落，甚至在心里大喊："老天，你怎么如此对待我，总不给我想要的生活。"

或许是一次次无奈的承受，让她明白她现在的力量还太薄弱，必须脚踏实地地去积累，只有自己强大了才能保护自己。正是那一次次困境，她明白人生本来就不可预测，必须活在当下，让自己度过的每一刻不留遗憾；正是那一次次挣扎，她懂得如何走向终点，面对各种状况从容淡定，渐渐成为一个有阅历和经验的人。

我曾经也有过同学漫漫的经历，因此特别能感同身受。

一个人只有活在当下，才是最快乐和幸福的。我们大多数人用人生中大部分的时间去胡思乱想，而这段时间是最不快乐的。即使想的是愉快的事，也容易让人陷入伤感、哀伤等消极情绪中。比如，人们很容易用曾经的快乐对比现在的平淡，并因此而哀伤。

如果我们能够调整自己的心理，让自己活在当下，我们的幸福感会大幅提升。活在当下是一种积极的、能带给我们幸福的心理力量。遗憾的是，人们总是因为这样或者那样的原因而使这种力量沉睡，从而感到不幸福，感到痛苦、忧虑、哀伤。

一般来说，我们大多数人都觉得自己的幸福是在过去或者未来，而不是在当下。显然，认为幸福已经过去的人往往经历过什么变故，一时难以接受巨大的落差。然而，这一切都只是暂时的。人都有适应环境的心理本能，无论怎样痛苦，这种本能都能将人治愈。

我的一位朋友，曾经有一段时间因一位至亲之人的逝去而非常痛苦。

她感觉曾经彼此在一起的幸福时光再也不会有了，甚至觉得没有了继续活下去的力量。为此，她向我请求帮助。

我告诉她：“其实，现在任何人说什么，作用都是非常有限的，但是你一定会从伤痛中痊愈，无论现在这痛苦和悲伤有多么强烈。在时间的流逝中，适应环境的心理本能会发挥出它的作用。”

后来，她用了很长的时间来适应失去至亲的生活，平复了悲伤，生活的动力也恢复了过来。

而她曾经以为的“幸福已逝”只不过是当时的片面性看法，现在的她依然幸福。

适应性是人的本能。这种本能能够帮助人们走出痛苦，平复哀伤。但是，它也会让我们对当下的幸福视而不见。因为我们对这些幸福太过熟悉，所以习以为常，不再放在心上，时常忽视。

比如，我们每天都与家人在一起，被他们关爱，但因为这是习以为常的事情，便不觉得这是一种莫大的幸福。直到有一天，由于某种原因而独自漂泊异乡时，我们才意识到与家人相伴是一种多么大的幸福。

人就是这样，总是因为太过熟悉、适应而忽视当下的幸福，进而在对过去和未来的胡思乱想中蹉跎了自己的幸福。

渴望幸福的我们，需要让自己活在当下。当然，这并不是一件容易的事。

珍惜当下、活在当下，是感受到最真实的幸福的前提。那么，我们是否在日常生活中做到这一点了呢？珍惜自己的父母、爱人、孩子，珍惜照在自己身上的阳光……

当我们学会了珍惜身边的点点滴滴，就懂得品味它们、欣赏它们、关注它们，同时珍惜当下的能力也会一点一点被唤醒。

一、品味当下，尽量不要陷入对未来或过去的思绪中

所谓品味，我将之定义为欣赏或纵情享受你在当下所做的任何事。

也就是说，当你在喝一杯咖啡时，别去想它没有你曾经喝过的可口，也别制定目标——明天我要喝更加可口的咖啡，只需要品味当下。咖啡厅里音乐悠扬，夕阳透过玻璃窗照进来，咖啡杯映着夕阳的华彩；咖啡勺与杯子轻轻碰触，发出“叮……”的一声轻响；你将牛奶加入咖啡中，白色就在棕黑色的咖啡中一点一点散开……

这一切真是美极了，令身处其中的你感到宁静而幸福。

二、关注自我呼吸，培养关注当下的心理习惯

将注意力集中到自己当下的感觉上，能够帮助人们平和心境，抵御不良情绪。对于唤醒活在当下的心理能量来说，没有比关注自己的呼吸更好、更简单的方法了。

呼吸是与我们时刻相伴的东西，因此，关注呼吸能够有效地帮助我们将自己的精神集中于当下。虽然，这需要我们有意识地来完成，并且能够维持的时间往往也不长，但是时常这样做有利于让潜意识形成关注当下的习惯。

人生苦短，少为离去伤感。活在当下，拥抱你身边的每一种幸福，体会每一个时刻的感动，不放过生活中的每一次仪式感。

放下过去，才有机会走向未来

在生活中，我常常听身边的人说“早知道这样……当初我就不会……”每当此时，我都会反问对方一句：“既然你不知道，又怎么做选择。难道我们有超能力会预测未来？”

那些放不下过去的人，即使幸福来了，也是抓不住的。一个幸福的人，都是向前看的，因为他们明白，不管是美好的过去，还是不堪回首的往事，若一直纠结下去，都会消耗你宝贵的时光，让你沉沦下去。

我有两个这样的朋友：一个经常和一群朋友在酒馆喝大酒，另一个则在家对着一张照片喝大酒。在家对着照片喝大酒的朋友是因为错过了深爱的女人，眼睁睁地看着她嫁给别人，所以他很痛苦；在酒馆喝大酒的朋友是因为他虽然和当时自己深爱的女人结婚了，可是婚后矛盾渐渐暴露，两人经常吵架，日子过得很痛苦。

每次见到他们，他们都会对我说同样一句话：“如果上天再给我一次机会，就一定不会是今天这个样子。”

可是，就算回到“当初”，他们真的能做出相反的选择吗？就算如此，难道就不会在琐碎的生活中产生碰撞和摩擦吗？

也许，选择另外一种方式，就不会有今天这种烦恼，但是仍然会出现其他的烦恼。我们在遇到困难和不幸的时候，会懊悔当初的做法，可如果没有当初，怎么会有我们的现在？

我们现在浪费时间去后悔当初做的事情，结果错过了现在应该做的事情，难道以后我们又要花时间悔恨今天的过错吗？

我认为正确的做法应该是“现在我应该做什么”，而不是“当初我真不应该这么做”。吃一堑长一智，吸取前车之鉴，我们会获得更多。

有一次，我在电梯里听到这样一段对话：

男孩对女孩说："你能过上今天这样的生活，真应该好好感谢你之前的单位。"

女孩回答："每个人都应该感谢过去的经历，没有实际经验的沉淀，哪有现在的成功。"

我真想为这个女孩鼓掌。很多人的不快乐，并不是因为过去没有把握好，而是源于自己没有好好把握现在。

没有真切地领悟到过去美好的人，哪怕你真的给他重新选择的机会，真的让他选择了想要选择的，他一样不会珍惜。

所以，我们要放下过去，过去再美好也成为了过去，也回不来了，把当下过好，就是最明智的选择。

我的一个朋友，曾经对她的爱人说："你要是知道我过去是什么样子，一定不会娶我的。"

她的爱人回答："你说错了，我要感谢你的过去，正因为有过去的经历，才造就了今天的你，不管过去的你如何，我爱的是现在的你，没有过去你的经历，就没有现在的你。"

事情发生的时候，我们总把"如果当初……"挂在嘴边。后悔当时为什么不做另外一个选择：

"如果当初我认真学习，高考就不会这么差了。"

"如果当初我对她好点，说不定我们的孩子都两岁了。"

"如果我当初听家人的话，就不会被骗了。"

"如果当初我没出来打拼，说不定在老家房子车子都有了。"

……

其实，“如果当初”这个设想本身就是个伪命题。人生没有回头路，我们已经选择了这条路，就无法保证另一条路的终点一定比现在好。没有什么事情是绝对的。

过去的都已经过去了，如果我们总是寄希望于“如果当初”，就没办法放眼未来，又怎么为将来幸福的生活努力呢？

我们要相信，时间是治愈一切的良药。不管曾经是苟延残喘，还是辉煌灿烂，都将被时间抚平。所以我们没有必要沉浸在往事的泥潭里无法自拔，尘封的回忆就让它在箱底安静地沉寂。只有忘掉痛苦的记忆，拔掉心里的杂草，才能从心底里开出最美的花。

光阴荏苒、岁月如梭，人的一生也只不过是弹指一挥间。回顾昨天，总结经验也就收获了一笔财富；把握今天，就等于珍惜了每一个发展机遇；谋划明天，就等于是展望未来，运筹帷幄。所以，只要能把收获昨天、珍惜今天、谋划明天这“三天”过好，人生可谓无憾矣！

第4章

永不放弃，不后悔的人生最有意义

马克·肯米尔曾说："对待仪式感也一样，你若怀着敷衍了事的态度，就不可能拥有趣味盎然的人生。"

坚持一下，你会知道自己有多出色

我有一个小学同学，长得非常漂亮。她自幼家境富裕，三十岁以前，没有受过一点儿苦。

她高中辍学后，进入了一家国企工厂工作，受到了厂长大公子疯狂的追求。她明知道厂长大公子非常花心，仍旧没有抵御住大公子三年的不放弃，最终两个人走进了婚姻的殿堂。

婚后一年，他们喜得一对龙凤胎，丈夫怕她太累，就劝她辞职在家相夫教子。于是，她过上了阔太太的生活。

故事开始我们说，她三十年前没有受过一点儿苦。那三十年后呢？她遇到了什么？突然有一天，她丈夫车祸去世，与此同时，她听闻一个令她震惊的秘密：丈夫在十年前就已经出轨，还和小三生下了两个女儿。

丈夫去世后，小三带着孩子找上门来，分去了她一半的财产。过惯了衣食无忧日子的她，在生活一连串的打击下，有过很多次自杀的念头，但为了一双儿女，她擦掉眼泪，咬牙坚持了下来。

为了生活，她四处托人找工作。让她大受打击的是，已经多年不工作的她，没有任何竞争优势，最后只能选择了收入不高、又脏又累的保洁工作。

从阔太太到清洁工，这么大的转变她竟然挺过来了。

出乎她意料的是，她不但坚持了下来，而且因为能力出众，成为了部门主管。为了能胜任工作，她在业余时间自考了专科、本科。

五年后，四十岁的她成为所在公司的销售副总裁，公司还给她配了车。

她对我说："有时候，我们必须坚持一下，只有坚持一下才会发现自己原来可以做这么多事情，才会发现自己很出色。"

乔治·拉德曾经说过："成功的人有时候是被逼出来的。我想大多数人都会承认，他们之所以成功是因为他们坚韧不拔，不断追求成功。"

生活就像跑马拉松，只有坚持下去，才有可能赢在最后。当我们被生活逼到绝境时，我们要学会坚持。因为所有的绝境，都是暂时的。只愿时光的道路上，我们能寻觅到属于自己内心的辽阔天空。

人活着不容易，忘掉忧郁的过往更不容易。我们常常拿得起，却不容易放得下。走的路多了，回头发现背上的行囊也多了。当我们某一天被压得喘不过气的时候，那些我们坚持的东西，在不知不觉间就被放下了，原来自己也可以如此释然！

纵观那些成功的人，他们的背后都有着很辛酸、受尽煎熬的故事，在煎熬的日子里，他们一心一意做自己当下能做的事情。

也许就是这些煎熬，锻炼了他们的意志，磨去了他们的坏习惯，凝聚了他们的才气，逼着他们走上成功之路！

1850 年 8 月 21 日，在巴尔扎克的葬礼上，雨果所致的悼词中有这样的话：“在伟大的人物中间，巴尔扎克是最伟大的一个；在优秀的人物中间，巴尔扎克是最优秀的一个……可叹啊！这个坚强的、永远不停止奋斗的哲学家、思想家、诗人、天才作家。在我们中间，他过着风风雨雨的生活，遭逢了任何时代一切伟人都遭逢过的恶斗和不幸。如今，他走了。他走出了纷扰和痛苦。”

巴尔扎克是举世闻名的作家，但他的一生却充满坎坷。

巴尔扎克的童年是不幸的，没有得到过母爱，更没有享受过家庭的温暖。为此，他在回忆童年时光时，曾经说过：“我从来不知道什么叫母爱。”“我经历了人的命运中所遭受的最可怕的童年。”

童年的不幸，没有阻挡住巴尔扎克追求梦想的脚步，立志从事清苦的文学创作。

从 1819 年夏天开始，他每天都在一间阁楼里伏案写作。有人形容他所在的阁楼是咫尺见方，里面除了一张床和一张书桌外，别无他物。每当夏天，阁楼热得像蒸笼一样；到了冬天，阁楼冷得像冰窖一样。因为没有钱，他经常是饿着肚子写作。

生活条件如此恶劣，巴尔扎克仍然严格地要求自己：白天读书，晚上写作。他一天只有几个小时的睡眠时间，碰到灵感来时，就会通宵达旦。这样的日子一过就是好几年。

屋漏偏逢连夜雨，巴尔扎克在与书商打交道过程中又不断被骗。他辛苦写的稿子经常拿不到稿费，曾一度负债累累，债务高达10万法郎。

为了躲避债务，巴尔扎克迁居6次。他对朋友说："我经常为一点面包、蜡烛和纸张发愁。我常像兔子一样四处奔跑。"

即便已经到了人生的绝境，巴尔扎克依然没有放弃，在一波接一波的磨难中，他忍受着命运之神对他的残酷考验。在饥饿和压力的煎熬中继续写作，当饿得写不下去时，他就喝水，喝完水再写。

巴尔扎克一边忍受贫穷，一边严格要求自己，每天的写作时间是18个小时以上。他曾用一句话概括自己："一生的劳动都在痛苦和贫困中度过，经常不为人理解。"

巴尔扎克用这样自律的生活获得了骄人的文学成就：在不到20年里，他共创作91部小说，每一部小说都在全世界产生影响。凡是读过他小说的读者，都会被其文字和故事深深打动。

任何一个人的任何成就，都经历过千锤百炼。当你感觉到目前生活的艰难，到达了难以承受的地步，一定不要对命运妥协，再坚持一下，你就会寻找到突破困境的方法。当你走出困境时，你会发现，原来你可以如此的出色！

执着地追求梦想，你的青春将与众不同

伟大的哲学家苏格拉底曾说过这样一句话：“世界上最愉悦的事，莫过于为梦想而奋斗。”的确，人和人之间最大的不同，就是有没有梦想。一个有梦想的人，会比那些没有梦想的人，更加坚强和勇敢；一个有梦想的人，可以通过自己的努力和奋斗改变命运。

梦想，让我们在芸芸众生中变得与众不同！

我有一个朋友，向我讲起他公司策划部门的一个员工的事迹。

他每天会比正常上班点早一个小时到公司，处理紧急重要的工作，下班时会晚走半个小时，总结一天的工作。他每天比别人多工作一个半小时，一个月下来业绩翻了好几倍。

别的同事一个月最多策划 2~3 个项目，每个项目并无特色，并且还要有其他同事协助来完成。他每个月要做 10 多个项目，而且是独立策划完成，每个项目为公司带来的收益都非常可观。

他收入很高，可他很少高消费，也不会动不动就任性地“来一场说走就走”的旅行。而是在工作之余，参加各种培训班来

充电。

有同事问他：“你工作不到两年，业绩这么好，怎么还这么辛苦地去拼？”

他说道：“我的梦想是当一个品牌策划人，以我目前的水平，是绝对达不到的，所以，我只有高标准要求自己，逼自己学习，才有可能实现这个梦想。因为有梦想陪伴，我不但不觉得辛苦，反而感到过得很充实。”

这就是一个有梦想的人的工作状态：别人眼里的“辛苦”，在他们看来是“充实”。在这个世界上，没有哪份工作不辛苦，但若是心中有梦，碰得头破血流也会咬牙坚持下去。因为有梦想就有希望，有希望就不害怕人生中遇到的各种坎坷。

心怀梦想，我们就会无所畏惧，什么样的难关都可以攻克。怀有梦想的人之所以能够与众不同，是因为在熙熙攘攘的人群中，你听不到他们抱怨或叹气的声音，即便是遭受到了巨大的打击，他们也不会退缩，而是把种种委屈化作动力。哪怕他们曾经被这个世界残忍地对待，他们仍然不会放纵自己，而是选择更加努力地去奋斗，活出最好的自己。

梦想与奋斗，在每个人的生命中都是不可或缺的。有时，即使只是一个绚丽的甚至遥不可及的梦想，也同样可以迸发出神奇的力量，推动我们走向成功的彼岸。

因为有梦想，我们才得以把自己最精彩的一面释放出来，让世界为之喝彩。

如果你足够幸运，就会遇见一类人，他们的特点是一直在努力。他们的梦想听起来不切实际，日子过得比你差，也没人知道这辈子能否成功，还有最关键的一条——受尽非议，但他们却毫不动摇。

在现实的冲击之下，梦想或许只是心灵的安慰，在漫漫人生路上给予你一份光明。

著名的比尔·坎贝斯博士曾经做过这样一个实验：

他对数百名智力、家庭、学历、生活环境等综合条件相差无几的年轻人进行了一次问卷调查，调查结果显示为 27% 的人没有梦想或目标；60% 的人有模糊的梦想；10% 的人有清晰的短期人生目标；3% 的人有清晰且长远的人生目标。

25 年后，人生目标清晰且长远的少数人，都经历了难以想象的挫折，但他们都没有放弃，反而更努力，最终成为社会各界的顶尖成功人才；而占 10% 的那些人生目标清晰且短期者，经过打拼后，都生活在社会的中上层；那些 60% 有模糊梦想的人大多数生活平淡；而剩下的 27% 的没有梦想或目标的人，几乎不约而同地沦落到社会的底层，他们常常抱怨他人，抱怨社会。

这个实验的结论十分明了，无论是怎样的人，只要有了明确的目标，就有了顽强拼搏的激情和不断进取的坚韧，最终便有了成功的人生。

不管路有多长，不管前方多么危险重重，选择好了自己想走的路，就执着地走下去。只要我们坚守“再往前一点点就到了”的信念，梦想照亮实现的时刻还会远吗？生命永远因为梦想而闪光和耀眼。

好运，来自喜爱和坚持

京城盛夏的七月。早上，一位年过六旬的相声表演艺术家站在路边，向过往的出租车招手。

一辆出租车停在他面前，司机是个年轻人，他一眼认出艺术家，惊喜地说道：“哎哟，老爷子，离老远我看着就像您，还真的是您啊！”他边说边拿出一个笔记本，“老人家，给我签个名吧。说实话，我开车三年了，第一次拉像您这样的大名人。”

艺术家坐上车后，很认真地给他签了名字。

一路上司机和艺术家一直在聊天，半小时后艺术家到达了目的地。

等年轻人开车走远后，他又招手叫了另外一辆出租车。这是个女司机，她也一眼认出了艺术家，虽然没像第一个司机那样找艺术家为她签名，但她像娱乐记者一样，问了艺术家很多问题……

下了这辆出租车，艺术家又招手上了另外一辆。几个小时过去了，艺术家换了四五辆出租车，几乎绕了大半个北京城。

转眼到了中午时分，他又随手招了一辆出租车。这次开车的师傅是个四十岁左右的中年男子，他像前几位一样，一眼就认出了艺术家，虽然也很高兴、热情，但是当车驶上马路后，他就专心开车，不再说话。

艺术家有点尴尬和不解，但又不便直问。这时车遇到红灯，司机在等红灯时才扭头问道：“老人家，今年的春节晚会您还上吗？”

艺术家还没回答完，红灯变绿灯，司机师傅又目视前方，不再说一句话。此时，艺术家忽然明白了。车到了目的地后，艺术家没有马上下车，而是问他：“师傅，做我的专职司机干不干？”

“老人家，您不会是在跟我开玩笑吧！这么好的事情怎么会砸到我头上？”司机愣了好久，才说道。

艺术家温和地一笑：“我的年岁大了，反应也跟不上了。上周我自己开车，出了点事故，差点送了老命。老伴和儿女都不放心，说啥也不让我自己开车了。所以我就琢磨聘请一位专职的驾驶员。”

司机疑惑地问：“可这么多会开车的人，您怎么就相中我啦？”

艺术家感叹道：“开车的人是很多，但你是唯一在开车的时候不做其他事情的师傅。”

看吧，只要你在职业生涯中，日积月累地修炼好品行，好运就会来敲门。看似偶然，实则必然。

Y在管理专业研究生毕业后，进入一家合资公司就职。

虽然他学历高，但刚进入职场，自身优势没有立刻体现出来，也就没有什么可以骄傲的资本了。好在Y心理素质很好，他坚信只要保持一颗好学上进的心，就能很快适应工作。

但老板总让他做一些平常琐碎的事。当老板让他去复印时，他便跑去复印；出纳不在，让他做出纳的活儿时他也不计较；让他联系业务员、跟定单，他便跑去与业务员沟通、跟踪产品进度；让他预订同事出差的酒店，他便四处查找既便宜、又方便的酒店；要他代听培训课程，他便带好笔和本子跑去听课……总之，他在别人眼里是最清闲也是最忙碌的人，而只有他知道自己受了多少累，吃了多少苦。

渐渐地，他发现自从做了这些工作后，他工作时的条理性增强了，做事效率提高了，沟通能力也在不断提升。他对产品流程特别熟悉，只要有人询问他哪种产品到哪个环节了，他便能清晰地告诉人家产品在哪里，还要多长时间可以完成，什么时间可以出货，什么时间可以上架等情况。

面对同事一脸佩服的样子，他很开心。渐渐地，他开始接受和喜欢这种充实而忙碌的日子。

试用期满后，他顺利通过了公司所有的考核。他对工作的熟悉程度以及对公司基本情况的掌握度，让老板都称赞不已。

老板说："你真不愧是做管理的，能把各项工作都做得井井有条。从下个月起，你就到策划部吧，让策划部的陈总监带带你。陈总监两个月后会调到销售部做副总，你先做代理总监，做得好，一个月后这个位置就是你的。"

无论是在职场上，还是在生活中，只要你选择了一种工作或是生活方式，就要用心去打磨它。因为你的行为和你的状态直接会影响最终的结果。

如果你把工作只当成任务，那么你就没有任何可以拿出来炫耀的仪式感！只能羡慕别人升职，嫉妒别人高质量的生活！

你要记住，当你内心放弃卓越的那一刻，好运就像躲避瘟疫一样远离你。

你就好比一棵大树，只要你不曾迷失自己，只要你努力成长，努力充实自己，终有一天，你会发现，好运会与你如影相随！

我刚创办自己的工作室时，招聘了一个前台，她人长得漂亮，嘴也甜，不过试用期没过就辞职了。

她认为前台只是一个接电话的电话员，没有客户投诉就已经做得很好了。

其实，前台是一个很复杂的工作，大到接待客户，小到快递考勤。但是她没有意识到前台工作的重要性和实质性，就算她没有辞职，也不会待很久。

后来，工作室新招聘了一个小姑娘。

她上班第一天就自己制作了一个登记表，记录每天出入的人员和来往电话。之后，她建立了一套完整的前台岗位体系和流程，有几十页的纸。接下来，她又整理了公司的快递单、出差人员的车票、住宿票据等，并且做出了详细的电子表格和数据资料。还根据这些数据，做出来了一份详细的分析报告。

不到半个月的时间，她就对公司的运作流程和核心技术知识轻车熟路。

公司所有人都对她都赞不绝口，现在她已经成了独当一面的部门经理。

由此来看，任何人的好运，都不是凭空“撞”来的。

这虽然是一个看脸的世界，但那只决定了你获取好运的一小部分因素。

好运这顶皇冠最终花落谁家，还要看你舍不舍得下功夫，对工作用不用心。

每一次的好运都应该是人生的恩赐，也是对自己的肯定，值得纪念，值得继续拼搏。

回头路也不好走，再难都要往前走

马云，这个身材相貌平平的男人，可以算是我们最好的励志榜样：为阿里巴巴服务的商人达到 240 万，马云即使在睡梦中，阿里巴巴每天也有 100 万元的收入。但马云的今天，也是在经历一次次失败的煎熬后才获得的。

马云曾经说过，看了《福布斯》上的照片后，才知道“自己其实有多丑”。他说自己很笨，笨到什么程度呢？

他上学时，他的学习成绩从没进过班里前三名。他的理想是上北大，但最后他只上了杭州师范学院，还是个专科。更有意思的是，这个专科他考了 3 年。第一年高考他数学考了 1 分，第二年 19 分。

马云大学毕业后，先是当了 6 年半的英语老师。在当老师期间，他成立了杭州第一家外文翻译社，用业余时间接了一些外贸单位的翻译活。钱没挣到多少，倒是闯出了一点名气。

1995 年，“杭州英语最棒”的马云受浙江省交通厅委托，到美国催讨一笔债务。结果是钱没要到一分，倒发现了一个“宝库”——在西雅图，对计算机一窍不通的马云第一次学会了用互联网，并发现“这里有大大的生意可做”。马云当时就意识到互联网是一座金矿。

噩梦般的讨债之旅结束了，马云灰溜溜地回到了杭州，身上只剩下 1 美元和一个疯狂的念头——成立阿里巴巴。马云的想法是，把中国企业的资料集中起来，快递到美国，由设计者做好网页向全世界发布，利润则来自向企业收取的费用。

马云从不怕失败，这是在他考大学时就已经练好了的心理素质。立即行动是他的性格特点。他找了个学自动化的拍档，加上妻子，一共三人，两万元启动资金，租了间房，就开始创业了。

马云成立的第一家互联网公司是海博网络，产品叫作“中国黄页”。在早期的海外留学生当中，很多人都知道，互联网上最早出现的以中国为主题的商业信息网站，正是“中国黄页”。所以国外媒体称马云为中国的 Mr.Internet。

马云的口才很好。当时，在杭州街头的大排档里经常有一群人围着一个叫马云的人，听他唾沫横飞地推销自己的伟大计划。但是，很多人还不知互联网为何物，他们在听马云讲他的计划时就叫他“骗子”。

1995 年他第一次上中央台时，有个编导指着马云对记者说：“这个人不像好人。”

虽然马云在很多人面前栽了跟头，但他非但没有放弃，反而对自己要求严格起来，他天天提醒自己：“互联网是影响人类未来生活 30 年的 3000 米长跑，你必须跑得像兔子一样快，又要像乌龟一样耐跑。”

为了开展业务，他告诉自己要耐心，同时总结了很多说服客户的语言,他在一次次的拒绝声中,将业务艰难地开展了起来。

1996 年，马云的营业额做到了 700 万，也是在这一年，互联网渐渐普及了。这时马云引起了外经贸部的注意。

1997 年，马云被邀请到北京，加盟一个由联合国发起的项目——EDI 中心，并参与开发外经贸部的官方站点，以及后来的网上中国商品交易市场。在这个过程中，马云的 B2B（商家对商家）思路渐渐成熟：用电子商务为中小企业服务。他认为，互联网上商业机构之间的业务量，比商业机构与消费者之间的业务量大得多。为什么放弃大企业而选择中小企业，马云打了个比方：“听说过捕龙虾致富的，没听说过捕鲸致富的。”

1999 年，马云回杭州创办阿里巴巴网站。临行前，他对他的伙伴们说：“我要回杭州创办一家自己的公司，从零开始。愿意同去的，只有 500 元工资；愿意留在北京的，我可以把你们介绍到收入很高的雅虎和新浪。”他说给他们 3 天考虑时间，但不到 5 分钟，伙伴们一致决定：“我们回杭州去，一起去！”

几个月后，一传十，十传百，阿里巴巴网站在商业圈中声名鹊起。就这样，他在吸引到大量客户的同时也吸引人才和风险投资。

为此，马云对于今天的获得的成就，总结了一句话：“如果我马云能够创业成功，那么我相信中国 80% 的年轻人都能创业成功。”

俗话说，第一个吃螃蟹的人，既要有勇气，又要具备坚韧的毅力，更要有坚持不懈的精神。马云是国内最早 B2B（商家对商家）网站的创始人，他没有国外留学经历，不懂得网络，没有人脉，但他甘于在一次次跌倒后，仍然不改初心地坚持做自己喜欢的事情，直至成功。

可以说，所有的人在成功之前或者成功的路上都是在经受或大或小的煎熬，能挺过去，便海阔天空，没挺过去，只能暗自感伤。

正是这种痛苦无助的“煎熬”，让我们的心理变得异常强大，让我们的生命变得厚重起来。如果人的一生没有一点挫折，没有一点挑战，那么哪里来的乐趣，哪里来的成功那刻的仪式感呢？

高质量的坚持，帮你坐热人生“冷板凳”

我的一位铁杆粉丝，在微信上向我控诉他的血泪职场史：

“我这个在公司干了七年的老员工，快被我那变态的老板整死了。我觉得再这样待下去，前程将要毁于一旦。”他咬牙切齿地说。

接着，他一把鼻涕一把泪地讲起了他“血海深仇”的打工史：

七年前，他来到公司时，公司还处于起步阶段，他从来没有嫌过工资低，也从来没埋怨过有多辛苦，一干就是七年。这七年中，他目睹公司从几个人的小公司发展到拥有几十个人的股份制公司。

随着新人的加入，他这个老员工，却被老板安排在了若有若无的位置上，做着一些无关紧要的小事。有时还要无薪加班。找老板谈，老板会讲一番大道理，说什么“公司效益不好，要扶持新人”“新人有激情，有创劲，是公司的新鲜血液”一类的话。

总而言之，为了公司，让他“委屈一点”。

“难道真的是天下的老板像乌鸦一般黑吗？可他们也不想想，我们这些老员工，在青春年华时，为他们贡献年轻激情，拼死拼活地给他们赚钱，等我们老了，他们再怎么黑，也不能过河拆桥不是？”

听了他的话，我没有正面回答他的问题，而是给他讲了一个故事：

朋友 D 是位职业经理人，六年前，他去了一家中外合资的广告公司，由于他有准确的判断能力、理性的决策力、果敢的执行力，工作一年后，就升为年薪六位数的部门经理。

D 的性格乐观外向，大胆心细，对工作兢兢业业，按说他事业应该一帆风顺。然而，职场如战场，在一次工作中，心直口快的他，因看不惯他的直接上司在老板面前邀功，就替自己的下属说了一句公道话，没想到他很快就为自己的“仗义执言”付出了惨重的代价。

D的上司以D的团队做项目的费用超支为由，不再将重点项目派给他们部门。而真实情况是，他们做项目的经费之所以高，是因为那个项目本来就风险大、收益高，只是收益周期很长。

之后，D的团队只能做一些小项目，与此同时，他团队的一些骨干，开始被调到其他部门，到最后，他的团队只剩下他和几个新来的实习生。

事情发展到这个地步时，D才知道自己被贬了，但他没有抱怨，而是从容地接受了领导的安排。

D明白，要想提高团队的素质，他这个领头的就不能懈怠，他一边给下属打鸡血，一边利用业余时间充电、跑市场，与项目顾客进行零距离接触。

这样一来，D比原来还要忙。虽然他们做的都是不起眼的小项目，但在他的团队手里，却做出了“花”。那些项目不但比预计的时间完成得早，还开辟了一批潜在的铁杆客户。后来，这些客户又给他们推荐了很多业务。

渐渐地，他们团队以工作效率高、客户好评高著称，在公司里开始有了口碑，最后传到了国外总公司董事长那里。

董事长来公司时，特意找到了D。董事长也是基层出身，在与D沟通时，发现D有很多创意，点子很新颖，实操性也强，当时就鼓励他写一个详细的策划方案，在部门开会时，向领导提出来。

部门会议上，当D把一份精心写好的策划方案交给上司时，上司看也没看，就当众宣布：“D的方案写得很好，但他写得好不一定做得好啊。他们部门上次做的那个项目，经费严重超支。这个项目就是做，也得让其他部门来做。”

成功运作了数十个项目的D，面对上司的无端指责，内心虽波涛汹涌，但是表面上却风平浪静。

一年后，由D和他的团队负责的一个小公司的广告，在国外获得了一等奖。这个奖项让D在广告界的名声大震，更是惊动了董事长。

D不但重新开始参与大项目的策划，还被总公司高层联合提名，任公司的总经理。

坐冷板凳不可怕，可怕的是你坐在冷板凳上，心也冷了。

当你坐在冷板凳上时，要学会高质量地坚持。什么是高质量的坚持呢？就是虽坐在冷板凳上，但时刻保持一颗火热的心。一边心甘情愿去承担其中的苦，一边要为自己以后的崛起做足准备，然后静静等待自己发光的那一刻。

这个世界上，没有人会一直给你取暖的怀抱。当我们矗立在寒风中瑟瑟发抖时，唯有自己抱紧自己，才能为自己取暖。

当你闯过一切困惑和阻挡，剔除心头障碍时，相信你一定会拥有一份风清云淡的胸怀。

坚持做你认为对的事情

生活的唯美之处就在于，只要我们坚持，只要我们努力，就会看到意想不到的风景。不管你的昨天多么美好，也不要去留恋，而是继续向前，说不定前面有更美好的风景等着我们。

当我们在风雨中不停地行走时，我们的视野会越来越开阔，见识也会随之增长。这一路走来，不管遇到什么人，都是缘分；不管遇到什么事情，都是好事情，都能让我们成长；不管遇到多大的难关，都是来渡我们的……所以，哪怕前路坎坷重重，也依然要按照你想要的生活方式去生活、去历练，结局肯定是惊喜！

曾经有这样一幅漫画：

第一个人在挖金矿时，眼看再有一点距离就已经挖出了金子，可他因为太累了，就放弃了。第二个人，也在努力挖金子，也累得筋疲力尽，但这个人坚持了下来，于是，第二个人用没有放弃的这一铲子，挖出了金灿灿的金子。

这幅漫画给我们的启示是，很多时候，成功距离我们只有一步之遥。

其实，我们的退缩都是被困难吓倒的。你离成功往往只差那么半圈，只要你咬牙坚持那么一会儿，也许就成功了。但很多人就是在需要坚持的时候，选择了放弃。

在生活中，很多事情都是这样。在最困难的时候你再坚持往前走一步，也许困境就迎刃而解了。如果你退缩或者停止不前，那么你注定失败。所以，无论做什么事情千万不要半途而废，因为你也许离成功仅有一步之遥。

1992 年 8 月 1 日，巴塞罗那奥运会女子 100 米决赛中，一位叫盖·德弗斯的美国选手，一举摘取桂冠。让人们想不到的是，就在一年前，这位世界第一飞人还在与死神做生死之搏。

在 1990 年 9 月，盖•德弗斯被确诊为患了一种怪病，这种病随时能要了她的命。医生说，由于她的甲状腺过于活跃，处在癌裂变的前夕。这就意味着，她的生命在 12 个月内将会终结。

求生的本能，让她不得不配合医生去做频繁的化疗和放射性治疗，各种副作用折磨得她死去活来。一头美丽的长发全部脱落，双手总是不停地发抖，左眼几乎失明，头痛欲裂，记忆力大部分丧失，双腿浮肿，不能站立，只能用双膝爬行。

然而，病魔并没有压垮她，她发誓：“只要我活着，就一定要重返跑道。”为了参加比赛，她每天挣扎着跪着爬行。这种消耗体力的运动惹怒了医生，医生警告她：“如果不停止这种愚蠢的行动，两天之后就只能锯掉双腿了。”德弗斯听后说道：“我宁死也不放弃我的运动生涯。”

医生们被她的倔强震住。在她的坚持下，奇迹发生了。1991 年 4 月，她重新站了起来。她站起来的第一件事就是在跑道上慢慢行走。

经过一年的苦练后，她终于摘取了奥运金牌，被誉为“从坟墓里爬出来的冠军”。

世界是属于勇者的，成功与失败不过就是一步之遥。当然在跨出这一步之前，也许你面临的是一个困难的抉择，或许前进，或许止步，但对一个成功者来说，他们要做的是坚持、坚持、再坚持。

当然，像德弗斯这样在病重时毅然坚持锻炼的，需要极大的勇气。面对百分之五十的成功可能性，她拼尽全力，用顽强的意志完成了毕生追求和荣誉。也正是这种精神，让病魔望而却步。

1793 年 9 月，还是一个小小上尉的拿破仑，被派去参加围攻土伦的战役。拿破仑一到防守坚固的土伦，就仔细观察地形，然后向革命军南方军特派员萨利切蒂提出了新的作战方案。特派员对新方案十分欣赏，立即任命拿破仑为攻城炮兵副指挥，并提升他为少校。

他全身心地投入到战前的准备中，显示了过人的精力、才智和胆略。最后土伦战役取得了胜利，拿破仑在土伦战役中初露锋芒，让将士们交口称赞。

1794 年 1 月 14 日，拿破仑被破格提升为少将。拿破仑能抓住机遇，小小的土伦战役成为他日后叱咤风云的开端。

成功和失败大多数只有一步之遥，跨过了这一道坎儿，也许你会成为生活的佼佼者，若错失了，也可能会一事无成。在挫折面前，咬一咬牙，也许会跨过挫折苦难。

当动摇、迷惘在心里慢慢滋生时，一定要告诫自己：抓住机遇，努力坚持才能到达成功的彼岸。

成功是每个人的梦。之所以有许多人没有享受过成功的喜悦，是因为这些人总是无法坚持到最后，难以承受潜行在黑夜中的孤独寂寞，害怕在最难时泯灭生的希望。所以，他们缺乏成功者那种在哪里跌倒就在哪里爬起来的坚持。

1844 年，莫尔斯发明了有线电报，让居住在同一个大陆却彼此隔绝的人们，能够通过电报联系，同时让人们知道世界上发生的一些事情。但对远隔重洋的欧亚及美洲两大陆地上的人们来说，利用电报进行通信，依然是个奢望。

菲尔德是一位年轻的富商，他决定帮人们完成这个“奢望”。于是，他果断地把自己所有的财产及全部精力投入到了这项事业中。

菲尔德先是改造了由英美两国政府提供的两艘战舰，分别再战舰上装了足够铺设两千多海里的电缆。1857 年 8 月 5 日，他进行了第一次在海底铺设电缆的尝试。结果在第六天的晚上，300 多海里长的电缆，在海面上消失得无影无踪。菲尔德第一次铺设海底电缆的尝试宣告失败。

菲尔德没有受到第一次失败的影响，1858 年他带着新的勇气和旧的电线又出发了。在开始的第四天，他遇上了狂风暴雨，200 海里长的电缆损失了，尝试再次失败。

菲尔德第三次出航，在所有人疑惑的议论声中，他成功了。

1858 年 8 月 16 日，纽约人第一次接收到英国女皇通过海底电缆发来的贺电，他们为此欢呼雀跃，特地为菲尔德举行了盛大的游行，视菲尔德为英雄。

正当人们兴高采烈庆祝的时候，海底电缆突然沉没了。转眼之间，人们对菲尔德由赞美变成咒骂，刚才还视他为“英雄”的人们，改口称他是“骗子”。

之后的六年中，菲尔德铺电缆的消息随着上次的失败而悄无声息了。就在人们已经遗忘了这件事时，菲尔德又重整旗鼓，开始了他的第 30 次远渡大西洋。

他来到伦敦后，花重金购置新巨轮。他要继续这项事业：电缆铺设。

让人们惊讶的是，经历了数次失败的菲尔德，终于在 1866 年 7 月 13 日，把美洲到欧洲的海底电缆铺设成功了！

在这个世界上，任何形式的成功，都属于菲尔德这样坚持不懈的人，即便置身于没有任何希望的处境，即便所有的人都泼来冷水，依旧咬牙坚持着。这种不成功不罢休的精神，最终让他们成为万千人中的成功者。

在这个世界上，我们要想做好一件事情，必须接受各种困难和挫折。所以，你要感谢生活的磨砺，是它让你成熟了许多、坚强了许多，但未来的路上还会有更多的坎坷，只要你一直保持乐观的精神，相信时间的力量，一切痛苦都会过去，太阳照常会从东边升起。不要因为一时的困难就放弃，也不要为一时的失败而止步，坚持一下，你会发现，你前方的路充满光明。

第5章

仪式感，让我们的生活充满目标和动力

列夫·托尔斯泰曾说过：“目标是指路明灯。没有目标，就没有坚定的方向；没有方向，就失去前进的力量。”

努力的方向，决定你的人生高度

人们似乎每天在接受命运的安排，实际上人们每天在安排着自己的命运。梦想，是一个目标，是让自己活下去的原动力，是让自己开心的原因。努力向上吧，星星就躲藏在你的灵魂深处，做一个悠远的梦吧，每个梦想都会超越你的目标。

小宁是一个工作非常努力的女孩，但是，她的工作效率却很低。这让她很是苦恼。

我们每次见面，她都会抱怨说哪个同事业绩比她好，哪个同事刚过试用期就拿下大单一类等等。

她心理很不平衡，明明自己已经很努力了，为什么还业绩平平呢！

我沉默了一会儿说道：“你这个月，就为自己定一个目标来超过她。”

她不解地问：“定目标赶超她？如何定呢？”

我耐心解释道：“你把一个月四周，分成四个目标，第一周给自己定下目标，比如，这周要谈成几个客户，签几个单。定好后，你就为这个目标来安排每天要找几个有效客户了。第一个目标完成后，再完成就二个目标，依此类推，当你把一个月的目标实现后，效果就不一样了。”

她问道：“如果实现不了呢？”

我说：“既然定下了目标，就有了勇往直前的动力，告诉自己一定要实现，这样你才有激情去做啊！虽然说，努力了不一定成功，但是不努力注定失败。”

在生活当中，我们要想取得成功，必须学会在杂乱中建立起秩序。就像肯·莱文为阿古特尔寻找“北斗星”一样，在茫茫的沙漠上，当北斗星成为肯·莱文前行的方向时，他辛苦的跋涉才不会徒劳无功。

美国19世纪哲学家、诗人爱默生说：“一心向着自己目标前进的人，整个世界都给他让路！”

在漫长的人生之路上，我们需要设置好自己前行的目标，有了目标才有前进的动力，有了动力，我们才能激励自己不断地向前冲。

一个老猎人有三个儿子，其中三儿子打猎技术最高。

有一次，父亲带着三个儿子在草原上打猎。打猎前父亲问三个儿子：

“在打猎之前，你们看到什么了？”

老大第一个回答：“我看到了我们手里的猎枪、在草原上奔跑的野兔，还有一望无际的草原。”

父亲摇摇头说：“错。”

老二说道：“我看到了爸爸、大哥、弟弟、猎枪、野兔，还有茫茫无际的草原。”

父亲仍然摇头：“不对。”

老三望着草原上奔跑的野兔，回答：“我看到了野兔。”

父亲高兴地说：“回答得非常正确。”说着转身对大儿子和二儿子说，“你们的弟弟之所以枪法准，是因为他狩猎时对猎物的目标定得精准，在他眼里，只有野兔。”

这个故事引申出的道理，同样适用于我们“管理人生”。我们在追求成功时，必须精准地对目标进行定位，比如，你想在工作上取得成就，你就得列出要达到的目标。

人生只有一次，我们不但要选对方向，还要尽早设定目标。只有确立自己的目标才有成就最好自己的可能。列夫·托尔斯泰曾说过：“目标是指路明灯。没有目标，就没有坚定的方向；没有方向，就失去前进的力量。”

我公司业务部有 8 个人，两个人一个小组，分成了 4 个小组。4 个小组中，L 和 J 的小组每个月都能达到 100 万元的回款额。半年中，他们的回款额是其他 3 个小组的总和。

在谈经验时，L 说道：“我们每个月都会定目标，比如说，这个月定的回款额是100万元，我们就朝着这个目标去做。有一次，都到月底25号了，我们才要回50万元，还有一半没有要回来。目标就是方向，我们想尽一切办法向客户要回款，甚至到外地亲自上门拜访。居然在当月的31号，成功地要回60万元回款，比上个月超出10万元。”

J总结道：“我觉得目标就像工作的指南针，让我们清楚地知道怎样工作，才能不偏离方向。只要方向一直是对的，我们就能顺利地达到所定的目标。”

由此来看，我们定的目标越精准，我们的动力就越大，未来也就越美好。那些成功的人，就是因为目标定位比较精准，他们的付出跟收获才能成正比。

我们很多人在日常生活中，喜欢幻想和憧憬所要达到的目标，每天想着那个虚无缥缈、飘忽不定的目标，并不付诸行动。几年后，你还停留在原地，你的目标早成为别人的胜利果实了。所以，一个人要想走好自己的路，一定要锁定目标，并付诸行动，这样才能逐渐收获具体的成果。

一场雪后，一位父亲指着远方的一棵树对儿子说：“我们一起向着那棵树的位置走，看谁的脚印最直。”

儿子心想：“这很简单，只要脚跟并脚尖一步步走，我赢定了。”

父子俩走到了树下，转头看向来时的脚印。

父亲的脚印是笔直的一串，像是用机器压制出来的一样整整齐齐，而儿子的脚印却歪歪扭扭不成样子。

儿子忙问父亲原因，父亲说："我在走的时候并没看脚下，只锁定了那棵树的位置，眼睛一直盯着那棵树，这样就很容易地走成了一条直线。"

儿子听后，立刻跑到了刚才的起点，一步一步向着爸爸走来。走到爸爸身边，回头看自己的脚印，也和爸爸的一样直。

人一旦有了明确的目标，才有奔跑的动力，才会在实现目标的道路上少走弯路。

世界上最快乐的事，莫过于为梦想而奋斗。但梦想的成功，需要自己去经营。加缪说，对未来的真正慷慨，是把一切献给现在。所以，从现在起，为你的工作做个规划，定个方向吧。

生活的格调，由你自己创造

在这个世界上，每个人的活法都不一样。差别就在于每个人的生活格调不一样，有的人喜欢粗茶淡饭的生活，有的人喜欢奢华享乐的生活……无论你喜欢过什么样的生活，都要与自己的实力、能力相符，这样才会有幸福感。

我的闺蜜晓露，月薪虽然六千，工作五年后，却存下了十万元。

她的生活并不是节衣缩食，相反她把生活过得很有质量。

她经常自己动手制作各种小饰品，拿到网上去卖，每年赚的钱不容小觑。

平时，她还喜欢自己做饭，每天早上起床做好午餐。

她还把旧衣服改一改款式，买一些颜料涂一下，就变成了时尚的衣服。

业余时间她就读书、旅行、写作等。

她说："我的生活目标就是少花点钱，多花点心思，过精致的生活。争取在未来几年内，把自己的经历写成一本书。"

一年前，晓露把自己多年来写的一些生活感悟，整理后投给一些文学网站，居然也换来一些稿费。

现在她又有了新的目标，争取五年内，出一本自己的散文集，不为了赚钱，只为了纪念过往岁月里坚强的自己！

我相信只要晓露不改初心，她很快会实现目标的。

有人说过，你拥有什么样的目标，就拥有什么样的人生。所以，你今天站在哪个位置并不重要，但你下一步迈向哪里却很关键。而决定你迈向哪里的，就你所定目标的高度。

一位哲人说过这样一句话："伟大的目标塑造伟大的心灵，伟大的目标产生伟大的动力，伟大的目标形成伟大的人物。没有远大的目标会使人失去动力！没有具体的目标会使人失去信心！”

唐太宗贞观年间，长安城西的一家磨坊里，有一匹马和一头驴子。

它们是好朋友，马在外面拉东西，驴子在屋里推磨。

贞观三年，这匹马被玄奘大师选中，出发经西域前往印度取经。

17 年后，这匹马驮着佛经回到长安。当它重新回到磨坊会见驴子朋友时，老马谈起这次旅途的经历，娓娓道来：“浩瀚无边的沙漠，热海的波澜……”驴子听得入了迷，不由得惊叹道：“你有多么丰富的见闻呀！可是那么遥远的道路，我连想都不敢想。”

老马说：“其实，我们走过的距离是大体相等的，当我向西域前进的时候，你一步也没停止。不同的是，我和玄奘大师有一个遥远的目标，按照始终如一的方向前进，所以我们打开了一个广阔的世界。而你被蒙住了眼睛，一生就围着磨盘打转，所以永远也走不出这狭隘的天地！”

亚历山大说：“一个人能成为什么样的人不在于他出身如何，而要看他如何造就自己。”这里说的“造就”，就是指我们对自己人生的规划。大部分成功者，在总结成功经验时，他们说得最多的一句话就是："在做事情前，我会为自己定好清晰的目标。"

人生如大海航行，人生规划就是人生的基本航线，有了航线，我们就不会偏离目标，更不会迷失方向，才能更加顺利和快速地驶向成功的彼岸。好的人生离不开好的规划，成功人生更离不开成功的规划。

规划的好处就在于，我们绞尽脑汁地为要做的事情制定目标，这会让我们在做事情时不至于被动。更为可喜的是，有了目标，我们会为自己的理想而努力，对于自己理想以外的事情不会过多关注。因此，想创业的人真的成为了企业家，想当作家或是画家的人也会梦想成真。这就是目标所起的作用。

比尔·盖茨小时候是一个聪明好学的孩子，他特别喜欢读书，记忆力非常好。

1967 年，盖茨到著名的私立中学湖滨中学去读书。

这所中学在 20 世纪 60 年代就购置了一台计算机，是美国最先拥有计算机并开设计算机课程的中学之一。

1968 年，当比尔·盖茨在湖滨中学第一学期结束的时候，学校开设了计算机课程。有一次，老师带领全班同学到计算机房参观，在老师的监督下，盖茨在计算机上输入了几条指令，这台计算机马上与几公里以外的另外一台计算机联通，信息马上就反馈了回来，盖茨被计算机这个神奇的东西迷住了。没过多久，盖茨就开始学习设计和编写程序。

由于当时美国的电脑业发展迅速，盖茨和他的好朋友艾伦在湖滨中学时就具备了有关电脑的知识，他们的程序编写小组在教师中间都已经相当有名气。后来，盖茨上了哈佛大学，艾伦则在波士顿找了一份程序设计员的工作。

1975年2月，他们合作完成了第一套微电脑程序的开发。盖茨和艾伦开发的BASIC语言程序，在20世纪70年代已达到了相当高的水平，使用方便而不会一错到底，此外，也不容易引起电脑死机。在此后的五六年间，这套程序一直在市场上居于领先地位。

关于这套语言程序，盖茨曾经说："这是我人生最关键的成果，我已确定了今后的发展方向。"这也就是说，在这时，比尔·盖茨确定了自己的发展目标。

有了发展目标，他就开始为实现发展目标而努力。

在20世纪70年代中期，很多人认为微电脑至多只是一种玩具，但盖茨和艾伦却看到了这种"玩具"所蕴含着的巨大商机，因为它可以给使用者提供极大的方便，同时它也可以给制造商们提供巨额财富。这种超越于时代的想法使盖茨和艾伦迈出了发展的第一步，也是最重要的一步。

1975年5月，两个年轻人做出了对世界电脑业的发展具有决定性作用的决定：在亚帕克基市创立微软公司，为各种各样的电脑提供软件。随后，盖茨为了尽快实现自己的人生目标，又做出了一个重要的决定：从哈佛大学退学自主创业。

我们先不说盖茨和艾伦后来的发展，单就他们在这一阶段的经历来说，当他们确定了自己的发展目标后，就开始朝着这个目标去努力，包括盖茨从世界著名的哈佛大学退学。他们把人生所有的“赌注”都押上了，最后活出了与众不同的人生格调。

由此来看，制订了什么样的目标就决定了你有什么样的人生轨迹。所以，一定要有远大的目标，只有这样才有成大事的可能，只有小目标、小富即安的人是不能成大事的。

萧伯纳有一句名言：“明白事理的人使自己适应世界，不明白事理的人，想使世界适应自己。”人生就应在这种不适应中调整自己，由此不断前行。

人生的每一个转弯，都可能使我们远离自己的人生坐标。我们要学会在远离目标的时侯，去创造条件，接近目标。

梭罗说，一棵树长到一定的高度，才知道怎样的空气更适合生长。人也是如此，在人生的道路上，重要的不是你所处的地位，或者从事的工作，只要你强烈地渴望攀登成功的巅峰并愿意为此付出艰辛的努力，那么总有一天你会如愿以偿。

曾经有位老师说过：“如果你的目标是做星星，就算落下来也比树高。”有什么样的目标，就有什么样的人生。

制订合适的目标，避免碌碌无为

有很多微信好友在我的微信公众平台留言：

“我在这行做了十几年了，能力也好，可为什么我就无法出人头地呢？”

“我毕业后的目标，就是在一年内达到年薪六位数，我也很努力，可是我工作都三年了，还过着这种没有未来的日子……”

“我的同事能力还没我强呢，但他都创业两年了，我还在给人打工……”

每次看到这些微信好友的留言，我真的不知道该怎么回答。的确，在我们周围，经常看到有一些人很努力、很拼，可日子还是过得浑浑噩噩、碌碌无为。

为什么会这样呢？

原因还在于我们自己，是因为我们忽略了对生活的仪式感。

我前面讲过，有仪式感的生活，必定是用心、用情去塑造的。假如我们制定了目标，我们能够专注地、始终如一地去努力和坚持，不管你有没有成功，都绝对不是现在这样自怨自艾、碌碌无为的状态。

当你定下目标时，就不要再左顾右盼，去计较太多的得失，去在乎别人的眼光，去羡慕别人的成就。你是你，是任何人都无法取代的。

这就好比：如果你是一只雄鹰，就不要在乎麻雀怎么看你。因为你飞行的速度、高度、力度、角度，它看不见也看不懂。麻雀只会根据自己的能力衡量你，他怎么会知道你要飞向哪里，去向何方呢？所以人生最重要的是认识自己，知道自己的目标、方向和实力，而不要在乎别人如何议论你，努力到无以伦比，奋斗到感天动地，越努力，越幸运！

罗布是一名电影制片人，在他创业之初，他的事业发展一直一帆风顺。但是他认为，做制片人还不能充分发挥自己的才能，还不能完全挖掘出自己的潜力。他固执地认为，在好莱坞，最大的荣耀应该属于导演。于是，他真的就着手导演了一部电影。

但是，对于该电影，评论界众说纷纭，票房收入极低。经过这次失败，连他自己都承认，作为导演的自己，受欢迎程度根本不能与原先做制片人的自己相提并论。从此之后，潮水般的失败接二连三地向他涌来。

首先，他新制作的电影失败了。此后不久，朋友远离他，妻子抛弃他，众叛亲离，好像一夜之间所有不幸都被上天强加在了他身上。

后来，罗布因为承受不了这种巨大的压力，从加利福尼亚逃到了纽约，躲藏在大都市里，过起了隐姓埋名的生活。他疯狂地寻找新的生机，用所有的钱买下了一个套房。他曾经说过：“我完全垮了。”

罗布就这样一个人坐在纽约的套房里，他整天不由自主地陷入苦思冥想之中。

不久，一个新的计划在他脑海中诞生了。他又勇敢地回到了加利福尼亚，回到这个他战斗过也失败过的地方。

他放下了之前的高傲，正视失败，怀揣着从未有过的谦卑感回去了。

他做好了一切从零开始的准备。

一个人的目标越是远大，为达此目的，他就越需要持续付出不寻常的努力。但是，有一些人经过努力，如果仍然离终点很远很远，他们就难免泄气。“目标虽然没达成，能这样也就可以了，差不多就算了吧！”人们常常在中途就泄气了，这样一来，你所有的努力都前功尽弃了。

从心理学的角度看，如果达到目标的过程太长，也就是说，设置的目标过于远大，往往在中途就会遭遇挫折。

1952 年 7 月 4 日清晨，加利福尼亚海岸起了浓雾。

在海岸以西 21 英里的卡塔林纳岛上，一个 43 岁的女人准备从太平洋游向加州海岸。她叫费罗伦丝•查德威克。

那天早晨，雾很大，海水冻得她身体发麻，她几乎看不到护送他的船。时间一个小时一个小时地过去，千千万万人在电视上看着。有几次，鲨鱼靠近她了，被人开枪吓跑了。

15小时之后，她又累，又冻得发麻。她知道自己不能再游了，就叫人拉她上船。

她的母亲和教练在另一条船上。他们都告诉她海岸很近了，叫她不要放弃。但她朝加州海岸望去，除了浓雾什么也看不到……

人们拉她上船的地点，离加州海岸只有半英里！后来她说，令她半途而废的不是疲劳，也不是寒冷，而是因为她在浓雾中看不到目标。

查德威克小姐一生中就只有这一次没有坚持到底。

这个故事讲的是目标要看得见，够得着，才能成为一个有效的目标，才会形成动力，帮助我们获得自己想要的结果。

实际上，制定目标是一回事，完成目标又是另外一回事，制定目标是明确做什么，完成目标是明确如何做。与其给自己制定一个高目标，不如根据自己的实力。所以，为自己制订一个合适的目标最重要。

几个人在湖边钓鱼，好长时间，都没有人钓到鱼。突然，其中一名垂钓者竿子一扬，钓上一条足有三尺长的大鱼。就在大家惊诧之时，却见钓者解下鱼嘴内的钓钩，居然顺手把鱼扔回湖里。

“不会吧，这么大的鱼都不想要？”有人小声惊呼。

“人家的目标或许是更大的鱼呢。”另一个人回答。

大家静等着看钓者钓大鱼。过了一会儿，只见钓鱼者又钓到一条比刚才还要大的鱼，他想也没有想，就把鱼扔到水里了。

钓者第三次钓的鱼是一条不到一尺长的小鱼，就在大家感到惋惜之时，只见钓鱼者把鱼从钩上解下，满意地放回自己的鱼篓中。

大家对此百思不得其解，有人忍不住问：“你为什么不要大鱼，而要小鱼呢？”

对方回答：“哦，是这样的，我家里最大的盘子只有一尺长，太大的鱼钓回去，盘子放不下。”

这个故事从另一个角度，很好地诠释了合理的目标对每个人的重要性。在人生的道路上，目标不分大小，贵在适合自己。否则，你将永远会挣扎于不满意的情绪之中。与其中途放弃所定的目标，不如一开始就不要制订。这是我创业以来的习惯。

我在创业过程中，在定每一个目标前，我都会先分析自己的情况，这样制定的目标大致能看清楚，不至于太离谱。

若我们制订的目标和自己的实力相符，我们的每一天都会过得非常充实，当我们接近自己的目标时，就像跨过了一座小山。小小的成就会让我们对自己充满信心，干劲十足。

看到这里，你可能会问：“与自己实力相符的目标，很快地达到后，不就没有了斗志吗？”

这个问题很好解决。我的经验是制订等级不同的目标，就是一个目标比一个目标大，即初级目标——中级目标——高级目标。

制订等级适宜的目标后，会让我们的前进方向更加明确，精力更加集中，随着一个目标一个目标的实现，我们不但收获了成功的喜悦，而且斗志也被激发出来。所以，莎士比亚曾提倡人们，在任何时候都要为自己未来的发展定下明确的目标，然后再围绕着这个奋斗方向踏踏实实地不断努力，只有这样，才能获得成功而不是纸上谈兵。

当你实现目标后，一定要及时犒劳自己、奖励自己，再向下一个新的目标前进！

在制订目标时，要注意以下两点：

一、我们要有明确的目标

当我们专注于一个目标时，生活会变得简单而快乐，我们可以忘掉很多不必要的烦恼，因为我们会把时间和精力用于实现我们的目标上！ 当你行动时，你会更有力量！

二、目标不可定得太高

目标定得太高，当你实现不了时，会让你感到无能为力，反而降低你的自信心。但也不能定得太低，太低的目标即便你实现了也没有成就感！要有一定的挑战性，又给你希望去征服，这样你能完成心愿，能力又得以提升！一次不要有太多的目标，要一口一口地去“吃”。

信念不垮，再灰暗的生活都有希望

人一旦有了信念和追求就能忍受一切艰苦，适应一切环境，再灰暗的生活都有希望。

对于我们每一个人来说，信念是最重要的，只要有坚定不移的信念，再灰暗的生活都会出现转机。在充满坎坷的人生之旅中，信念不垮，希望就一直相伴。

在一次业内举办的沙龙活动中，我在与几位金融界的大亨交谈时，发现他们有一个共同点，就是不管遇到多么大的困难，他们都不会抱怨，而是坚定地朝着既定的目标奋斗。

S 是投融圈中的精英，他投资的企业，都能在几年内给他带来几倍甚至是几十倍的回报。

在说到以往的创业经历时，他不无调侃地说：“我初次创业做的是珠宝生意。当时没有经验，差点让我丢掉生命。先是经历了进假货，赔进去几百万，那些钱是我全部的家底，外加亲戚朋友凑的、银行贷的。我得知被骗时，整个人没有了知觉。我开着车来到郊外的水库边，犹豫着跳不跳？在那里待了一整天，终究没有跳下去。不跳的理由是，活着、坚持着，希望还是有的。”

S垂头丧气地离开水库回到店里，员工们都已离职，他重整残局后，拿起那几百万进的假货，把玩一番，他对自己说：“下次，我不会再进假货了。”

几天后，公安局通知他，抓住了卖给他假货的骗子，郑重地告诉他：

“钱只能追回一部分……”

他放下电话，一个人在店里大声痛哭。

“幸好我没死，天无绝人之路。老祖宗的话是真理啊。”他边哭边对自己说：“无论在什么情况下，只要信念不垮，我就有东山再起的希望。”

那次追回的钱，虽然只有三分之一，但足够他重新开始了。对于当时的他来说，不管有没有钱，他都不会放弃的。

再次创业，他经历了比这一次更惨的事情，但是他仍旧坚持着。

“目标是希望所在，坚定的信念是不放弃的理由。信念在，即便心灵经受一次次无情的打击，都不会打垮我的。所有的痛，天亮后就消失了。”他如是说。

与S比起来，企业家G的创业史就显得有点传奇了。

G是国企的技术员。在20世纪80年代，年纪轻轻的他，每月拿着固定工资，但是他不甘于平庸。

在那个年代，国企工人就是吃“皇粮”的，生活稳定富足，几乎没人辞职。所以，单凭 G 能够辞职这一举动，就“雷”倒一大批人。

G 创业挖掘的第一桶金是 50 万元。在那个每月工资只有几十元的年代。这 50 万元的含金量有多高，每个人都想象得到。

这 50 万元给了 G 力量和胆量。他扩大了经营规模，还成立了投资公司。几年后，他因为管理不善，公司险些倒闭。那时，员工纷纷离他而去，他背着百万债务经营着苟延残喘的小公司。

“我那时是完全可以关掉这个每月租金不菲的公司的。”他说，“但我不能。因为这个只剩我一个人的公司，可以给我的债主带来安全感，更重要的是，这个月月需要我为找钱发愁的公司，是我坚持下去的动力。”

那段时间，他一个人身兼数职，在全国各地跑业务。住最便宜的店，吃最便宜的面条。他第二次创业成功后，又到国外成立了分公司。

第三次打倒 G 的是他的一位朋友，这一次的磨难是常人难以承受的。

他的朋友让他牵线，给国外一个公司做项目。

当他朋友将钱打给对方公司时，对方公司却一再延长发货时间。由于那笔款数额巨大，朋友若再等下去，公司面临破产。于是，朋友就把他从国外“骗”回国，公安局以“诈骗”罪判他十三年。

他忍着周围人的误解、屈辱，在监狱里，他一边写着申诉，一边读书、锻炼身体，准备东山再起。

七年后，他因为表现好，也因为证据不足，他被释放。出狱后的第二个月，他就回到让他栽跟头的那个国家去创业，用借来的钱注册了公司，准备大干一场。

G坚信：“七年时间，外面发生了巨大的变化。我对市场的敏感度也很差。但我相信，只要我对自己有信心，就能从中寻找破解困难的方法。我会做得比以前更加成功的。”

果不出他所料。再次创业中，他为自己和公司制定了不同的目标，并告诉自己：“在一年内，我达不到自己的目标，绝不罢休。”

有了目标，他有了奋斗的方向；有了目标，他有了压力；有了目标，他干劲十足。两年中，他遇到过很多困难，却都轻而易举地化解了。

随着他公司的扩大，现在已经成为拥有数十个子公司的集团。身为董事长的他，资产上亿。他说：“对我来说，钱就是一个数字。我每天为什么还要辛苦工作，是因为我有了新的目标，并且坚信自己一定能够实现。”

成功者和普通人一样，他们也喜欢制订目标；成功者和普通人一样，在生活或是工作中遇到的坎坷和麻烦也是不断的。

为什么他们最后的结局与普通人不一样呢？答案很简单，就是他们一旦拥有坚定的信念，在确定目标后，就拥有了不达目标不罢休的决心。

有人说，成功者是不愿意把真话讲出来的。所以，成功是不可复制的。我想，并不是他们不愿意讲真话，而是每个人的成功模式都是私人订制。他们即使说出来，也不一定适合你。但有一点是通用的，他们在失败或是遭受挫折时所采取的应对手段，是我们可以学习的。

人是自然界最伟大的动物，无论哪一个人，无论现在他在做什么，都是独特的、唯一的。他有自己的思想，主宰自己的行为，决定自己的未来。

当我们失意时，根本用不着沮丧，只要你有目标，就有了奋斗的方向；只要你有目标，你就有了坚定无比的信念；只要信念不垮，希望就像黑夜中的星星，为你照亮前方的路。即使你遭遇再多的困难，都不会停止前进的步伐。

生下来就一贫如洗的林肯，终其一生都在面对挫败，八次竞选落败，两次经商失败，甚至还精神崩溃过一次。

好多次他本可以放弃，但他并没有如此，也正因为他没有放弃，才成为美国历史上最伟大的总统之一。

1816 年，他的家人被赶出了居住的地方，他必须找工作来抚养他们；1818 年，母亲去世；1831 年，经商失败；1832 年，竞选州议员但落选了；1832 年，工作也丢了，想就读法学院，但进不去；1833 年，向朋友借钱经商，但年底就破产了，接下来他花了十六年，才把债还清；1834 年，再次竞选州议员，赢了！

1835 年，订婚后即将结婚时，未婚妻却去世了，因此他的心也碎了；1836 年，精神完全崩溃，卧病在床六个月；1838 年，争取成为州议员的发言人，没有成功；1840 年，争取成为选举人了，失败了；1843 年，参加国会大选落选了；1846 年，再次参加国会大选这次当选了！前往华盛顿特区，表现可圈可点；1848 年，寻求国会议员连任失败了！

1849 年，想在自己的州内担任土地局长的工作，被拒绝了；1854 年，竞选美国参议员，落选了；1856 年，在共和党的全国代表大会上争取副总统的提名，得票不到一百张；1858 年，再度竞选美国参议员，再度落败。林肯在竞选参议员落败后如是说："此路艰辛而泥泞。我一只脚滑了一下，另一只脚也因而站不稳。但我缓口气，告诉自己：这不过是滑一跤，并不是死去而爬不起来。"

1860 年，当选美国总统。

给自己定一个目标，就让自己有了坚强的理由。每天给自己一个希望，就是每天给自己一个目标，给自己一个信心，给自己一点激发生命激情的催化剂，给自己人生一个美好的支撑点。影响我们人生的绝不仅仅是环境，更是心态在控制一个人的行动和思想。同时，心态也决定了一个人的事业和成就，甚至一生。

只要心中有目标，就有信念，有信念，就有希望。只要希望在，无论遇到什么事情，你都不会轻易放弃。

美好的人生是规划出来的

在微信上，经常有朋友给我留言，向我诉苦，内容都大同小异，总结起来，无非是下面几件事：

“我后悔了，我不该来北京的，也许当初和男朋友一起去了深圳，现在一切都不一样了。”

“如果再给我一次机会，我面试的时候一定不会说那句话的。”

“我很迷茫，我到底该不该回老家接受我爸妈的安排？”

……

说实话，对于这些私信，我真的不知道该如何回答。

新东方的创始人之一徐小平曾经说过这样一句话：“人生没有设计，你离挨饿只有三天。”这句话虽然听起来有些夸张，但在竞争如此激烈的当今社会，“人生规划”已经是毋庸置疑的幸福之道了。

令人遗憾的是，我们大部分人是无法按照自己的意愿生活的。说到这里，我想起了哈佛大学的一个心理实验。

在20世纪中期，哈佛大学著名的社会学教授对即将毕业的1000名学生做了一个访谈，问题很简单：“你对自己未来的人生有什么规划？”

访谈结果是，只有不到百分之四的学生对自己人生有清晰的规划，大约还有百分之十六的学生虽然有规划，但是目标不是很明确。

30年后，这位教授又访问了当初的这些学生，除了35名学生由于特殊原因联系不上，剩下的学生都联系上了。该教授通过对他们的健康、家庭、事业、情感、财务等多项指标的统计，发现一个很有趣也很惊人的结果。

实验结果表明，有清晰规划的那百分之四，在以上各项指标的分数都是最高的。他们不仅身体健康、家庭美满、事业成功，更令人羡慕的是，他们财务自由。

而百分之十六的那些人，成为各个行业里的专业人士，虽然薪水很高，但是其他方面多多少少都有些不如人意，最大的特征就是身心疲惫。

在这个试验中，所占人数比例最大的，是那些没有任何规划的人，这些人有百分之八十。这些人一般在工作几年之后，有些存款了就不想再努力了。因此，他们大多数都是平凡的公司职员，没什么超凡的成就，甚至还有人靠政府的救济过日子。

可见，就算是哈佛大学毕业的高才生，也不见得人人都能成功，更何况是我们这些普通人。相信我们每一个人都想成为那百分之四的幸福的人，那我们有跟他们一样清晰的人生规划吗？

所以，我想告诉大家的是：这个社会很残酷，没有计划的人往往被规划掉，而用心规划的人才更容易获得幸福。

我在公司给员工培训时，经常会看到许多职场新人在刚开始参加工作时，上司安排什么就做什么，不为自己制订任何规划，仿佛上班不是为了自己，而是为了上司。过了几年，意识到规划的重要性，于是在制订规划时反复思考，把规划做得非常详细。

有一次，一个员工把他的规划拿给我看时，我发现他的一年里列举了好几个目标，而且都是结婚、买房、买车、升职这样的大目标。

他告诉我，他每天早上一睁眼，这几个目标就闯进他的脑海里，让他感到压力非常大。

一年下来，他的确获得一些小成就，但生活得毫无幸福可言。

我认为，我们在制订年规划时可以给自己定下3～5个目标，但对于完成的时间及情况不要写得那么清晰。

想挣一千万和想挣一个亿的人，他们赚钱和花钱的方式一定不一样；想攻读更高学位的人和大学一毕业就想踏入职场的人，在学习的质量上肯定有所差别。这个差距，就是我们是否对人生有计划。当我们有了规划，我们才会按照自己设计的路一步一个脚印地走下去，我们的人生才不会迷茫。

关于如何给我们的人生制订规划，我没有什么真知灼见。但是，这些制订规划的步骤，也许会帮到你：

一、制订年规划

我们可以把一年的目标写下来，可以当成手机墙纸，可以用便利贴贴在电脑前，时时刻刻提醒自己去完成目标。

在一年的时间里，一个人会有很大的改变。简单地说，我们想在接下来的一年里达到怎样的成就？需要提醒大家的是，我们只需要写下自己想做的事，对于每件事需要完成的时间及数量，不需要写得很清晰。

比如，2019 年我给自己订的目标是：出版一本教人如何幸福的书，并带它去和全国各地的读者见面；和女儿一起旅行一次。

但在制订这两个规划时，我不会考虑这本书要达到什么样的销量，影响多少人；和女儿去哪里旅行，去几天……

要明白，生活充满了各种可能性，计划赶不上变化，所以我们的目标要随时调整。如果施行的过程中出现了一些小插曲，我们也有时间缓冲。

二、制订季度规划

每个公司都有季度财报，我们也要给自己做一个季度报表。

内容可以自己确定，比如体重减少几斤，存款增加多少，和朋友聚会几次，读几本好书，等等。

比如，我计划和家人一起旅行，当我做好一切行程攻略后，就要开始存钱了，每个季度存多少，都要写进规划里。

如果觉得一次性制订四个季度的规划有点太麻烦了，那不妨先做第一个季度，先把第一个季度的规划保质保量完成，后面的就轻松多了。

三、制订 21 天规划

人和人之间之所以有差别，是因为我们的行为习惯不一样。21 天可以养成一个习惯，21 天可以帮我们全面提升素质。21 天规划其实是季度计划的分解版，不喜欢季度规划的读者，不妨试试这个办法。

四、一周规划

制订周计划相对来说比较简单，制订周计划一定注 意劳逸结合。我们可以按照这个结构来制订计划：读书时间、锻炼时间和社交时间。

写下本周必须做的事情，比如会议、聚会、锻炼，等等。在安排其他工作之前，先把娱乐、聚餐的时间预留出来，以免计划冲突。

看书学习、提升自己的时间一定要安排。对那些完全可以 hold 住的工作，安排到余下的时间里。如果我们是学生，可以去规划课余时间。对于上班族来说，工作时间一般是 8 小时制，下班回到家差不多已经8点左右了，这时再学习、锻炼效果一定不好。

最后我想说的是，制订规划是为了让我们的生活更充实，更有意义，而不是被规划束缚。所以，制订规划的时候要预先留出娱乐时间，比如看电影、K歌、读书、聚会，等等。

请让我们相信“美好的人生是规划出来”的这句话，从现在开始，为自己制订可行的规划，向着美好的人生稳步前行！

不行动，你拿什么秀你的青春

如今，互联网的出现取代了原有的通信工具，特别是有了微博和微信后，大家都变懒了，懒到别说见面，就连电话也不想打。不过，对发朋友圈，大家却都很积极。

因为很少见面，我们就从微信朋友圈了解一个人的生活状态。单从微信朋友圈来看，他们的生活过得丰富多彩、爱读书、爱学习、爱熬夜加班，等等，总之他们是拼搏努力的人。虽然他们的朋友圈在告诉我们，他们的青春过得很拼、很充实，可当你见到他们本人后，就会发现，他们其实还是老样子，朋友圈只是一个假象。

原来，他们在朋友圈秀的青春，只是秀给别人看的。

高尔基说：“在生活中，没有任何东西比人的行动更重要、更珍奇了。”

世界上的人无外乎有两种，一种是一旦拥有美好的设想就立即行动的人；另一种则是想了又想却不停观望的人。

在这两种人中，成功比较青睐于第一种人。因为任何事情，都不可能发生在观望者的身上。对一个从来不行动的人来说，再完美的计划也只能是镜中花、水中月，唾手可得又不可得。

有两个人相伴一起去遥远的地方寻找幸福快乐的天堂。一路上，他们不停地想象着天堂的美景！

然而，就在他们即将到达天堂的时候，突然一条大河挡住了去路。当时，刮着大风，河里风浪很大。关于怎么渡过这条河，他们一个建议立刻采伐附近的树木，造一条木船渡河；另一个人却认为这种方法很辛苦，而且也不安全，不如等这条河流干了，再轻轻松松地走过去。

提议造船的人觉得等待河水流干，不太现实。于是，他立刻采取行动开始造船，砍伐了树木，积极地制造船只；而另一个等着河干的人，每天做的事情就是休息睡觉，然后到河边观察河水流干了没有。让这个人失望的是，河水没有一点变化。

几天后，提议造船的人把船造好了，就扬帆起航，顺利地到达了幸福的彼岸，而另一个等河水流干的那个人，却失望了。由于他一直没有等到河水流干的那一天，所以，也就与天堂擦肩而过了。

仪式感

这个寓言故事告诉我们，成功始于行动，如果没有行动，再完美的想法都是零。有一句格言说得好：“幸运之神会光顾世界上的每一个人，但是，如果她发现这个人没有准备好迎接她时，她就会从门里进来，然后从窗子飞出去。”

一个人要想成功，就必须用实际行动来说话。请记住，在人生之路上，我们不但需要一对幻想的翅膀，更需要一双踏踏实实的脚！

然而，在日常生活中，我们经常遇到这种“敢想”却不行动的人。他们把计划说得天花乱坠、妙不可言，可是双腿却像生了根一样，就是不去行动。为此，有人说他们是“语言的巨人，行动的矮子”。

真正的成功源自行动，永远不可能被观望者、幻想派所拥有。或许一次、两次可以侥幸得之，但它最终垂青的必然是那些大胆行动者。很多成功人士都告诉人们要获得成就必须从行动开始，要敢于迈出去。

身高只有 1.45 米的原一平，貌不惊人，可他在日本的人寿保险界，却是一个声名显赫的人物。

日本约有近百万的寿险从业人员，大部分人不知道全日本 20 家寿险公司总经理的姓名，却都认识原一平。

原一平的一生从被乡里公认为无可救药的小太保，到日本保险业连续15年全国业绩第一的“推销之神”，其经历堪称传奇。

据说他在最穷的时候，没钱吃饭、没钱坐公车，最终凭借自己的毅力，成就了自己的事业！

对于原一平的成功，很多人都很好奇，许多公司还请他去演讲，介绍成功的经验。

有一次，69 岁的原一平应邀到一家保险公司做演讲。在演讲会上，有很多听众问他推销成功的秘诀是什么？

他没有回答，而是当场把鞋袜脱掉，让台下的提问者派一个代表到讲台上来。代表上台后，他说道："请你摸摸我的脚底板。"

这个代表先是一愣，看到原一平不像在开玩笑，就按照原一平的话去做，用手去摸他的脚底。

原一平问："你摸到了什么？"

代表说："您的脚底有很厚的茧！"

原一平点点头，回答："对，我的脚底上的茧特别厚，从我工作以来，这茧一直是这样，你知道这是为什么吗？"

这位代表摇摇头："不知道。"

原一平笑着说："因为我是典型的行动派，我走的路比别人多，跑得比别人勤，脚上的茧才特别厚啊。这就是我成功的秘诀。"

台下一片掌声！代表连声道谢后离开。

万事始于心动，成功则始于行动，这就是成功者的秘诀。

所以，当你有了一些好的想法或创意时，不要拖延，更不要找借口，而是要付之于行动。通过行动，你就会成为这件事情的主导者；通过行动，不管是否能成功，你都会掌握住主动权。有时你行动了不一定成功，但你不行动却永远不会成功。

洛克·菲勒说过，人们用来判断能力的真正基础，不是你脑子里装了多少东西，而是你的行动。只有行动才能把心动的想法变为现实，只有行动才能帮助我们实现宏伟的目标与远大的理想！

邦科是某杂志社的一名编辑，他小时候就有一个想法：将来有一天能够创办一本杂志。

至于杂志是什么样的，他还没有想明白。但他从有了这个想法开始，就开始付诸实际行动，在生活中处处留心，寻找创办杂志的机会。

有一次，他看见一个人打开一包香烟，从中抽出一张纸片，随手就把这张纸片扔到地上了。由于邦科从小有创办杂志的想法，所以，他对纸片一类的东西很敏感。于是，他就弯下腰，拾起这张纸片。

他看到纸片上印着一个著名的好莱坞女演员的照片，在这张照片下面印有一句话：这是一套照片中的一张。

看完后，邦科恍然大悟：这不就是一种促销香烟的手段吗？烟草公司利用买烟者收集一整套照片的方法来推销香烟。邦科这么一想,又把纸片翻过来,注意到它的背面竟然完全是空白的。

看着这张纸片，邦科感到这是他创办杂志的一个机会。他推断，如果把附在烟盒子里的印有照片的纸片充分利用起来，在纸空白的背面印上照片上人物的小传，这种照片的价值就提高了。想过后，他立刻找到印刷这种纸烟附件的平板画公司，向这个公司的经理说明了他的想法。这位经理听后非常赞成他的提议，许诺他：

“如果你给我写 100 位美国名人小传，每篇 100 字，我将每篇付给你 100 美元。请你给我送来一份你准备写的名人的名单，并把它分类，可分为总统、将帅、演员、作家，等等。”

这便是邦科最早的写作任务，他回家后立刻动笔来写。渐渐地，他写小传的需求量越来越大，使得他必须得请人帮忙。于是他请他的弟弟迈克尔帮忙。紧接着，邦科又请了几名职业记者帮忙写作这些名人小传，以供给一些平板画印刷厂。

邦科用他一系列的行动，成功地实现了他儿时创办杂志的梦想!

邦科之所以能够成功，就是因为他是一个行动派。

美国著名作家赛珍珠曾说：“我从不等待好运来敲门，如果你一味等待，就不能完成任何事情。你必须记住，只有行动才能有所收获。”

世间所有的成功都源自积极的行动,这是名人成功的经验,也是我创业以来最大的体会。我当年有了创业的想法时，就选择了创业。不管是创业前还是创办公司后，我从来没有想过失败或是放弃。想到了就去行动，在行动中遇到困难就想办法解决。千万不要去等待，等待是换不来成功的，等待只会让你偏离成功的道路。

当然，我并不是说让大家想到什么就去做，当你决定做什么时，一定要想清楚它是否值得你这么做。你一旦想清楚了，就不要再去找借口，勇敢地去做，再也不要想东想西了，很多时候人们的成功都是被想没的，而不是被困难打败的。

因为有了行动，爬行最慢的乌龟都超越了兔子，成为冠军；因为有了行动，爱迪生才能最终成为发明大王……

成功不是纸上谈兵，更不是凭空想象而来的。成功需要我们每个人付出行动，在行动中走出一条通往成功的路！

每一个行动后取得的结果，无论是好还是坏，都为我们的青春赋予一个行动派的仪式感！

你主动一些，世界会为你让路

迈克·乔丹说：“我不相信被动会有收获，凡事一定要主动出击才能成功。”

世间万物的法则，永远是用进废退，这是颠扑不破的真理。

在河边,有一只狼要带好几只小狼过河,以我们粗浅的经验,它一定会一只一只地叼过去，但事实并非如此。老狼怕自己的孩子受伤害，它会咬死一只动物，把动物的胃吹足气，做成一只鼓鼓囊囊的皮筏，借着这生命的皮筏，全家渡河。

在动物界，狼是一种非常聪明的动物，虽然狗与狼物种比较接近，它们的体型也难分伯仲，但为什么败北的总是狗呢?

有人曾就这问题仔细对狼与狗进行了对比。结果发现，经人类长期驯养的狗，因为不需要面临生存的危机，狗的脑容量远远小于狼，而生长在野外的狼，为了生存，它们的大脑被充分开发，不但非常有创造性，而且有着异乎寻常的生存智慧。

动物如此，人类亦是同样的道理，一个人，要想在异常激烈的社会竞争中不被淘汰，必须具有一点生存危机。这样，我们才能做到未雨绸缪,主动出击,多一点生动生存的技能与智慧。

这是一个竞争已经趋于白热化的时代，被动只会让你成为挨打的对象。因过分忧虑而凡事畏畏缩缩的人，注定成不了什么大器，唯有狠下心来主动出击，才可能有机会取得胜利。

相反，主动出击却可以让你在社会上占有一席之地。你需要清楚地知道一点，你的事业、你的人生不是上天安排的，而是靠自己主动去争取的。远处的风景不会自己走过来，你需要迈开自己的双脚，主动地去走近它。

号称心灵潜能大师的陈安之，是国际教育训练机构总裁。

他之所以能够做到今天这个位置，就缘于他做任何事情，只要认准了，就会主动出击。

1991年，陈安之从安东尼•罗宾公司辞职，与人合伙成立了“陈安之国际训练机构”。由于他想专心工作，就把公司授权给合伙人管理。

陈安之是一个对工作拼命的人，就在他的公司经营得红红火火时，他信任的合伙人却见钱眼开，卷着近百万美元的巨款消失了。

迷恋工作的陈安之不想因为追款影响工作，就选择不追究那笔百万巨款，而是从零开始创业。当时，因为没有钱，他就租了一间大客厅，员工的吃、住、办公都在这里。

有一次，一家电视台采访他，记者看到名声大震的陈安之，居然在这样简陋的房间里办公时，十分佩服他。

陈安之的老师安东尼•罗宾看过这次采访后，特意打电话给他：“Steve，从你身上我看到了从前的我。你一定会成功的！”

两年后，25岁的陈安之举办了一场三千多人的超级大演说，他用了24种推广方法使演讲获得了巨大的成功，轰动了美国。接下来的演讲一场接一场，光这一年，他就赚了一百万美元。

随着陈安之的事业如日中天，他在亚洲各国每小时的演讲报酬高达一万美元，而在香港半岛酒店开设的三天的总裁班课程，每位听课的总裁交纳的费用高达18万元人民币，而且听者依然络绎不绝。

除了年平均 200 场的成功励志学演讲外，陈安之还给世界的一些知名企业做营销顾问，为这些企业出谋策划，有一些企业一年之内增收几亿美元！

US 钢铁公司的董事长费尔莱斯，是美国有名的钢铁大王。他之所以能够从一个四处找工作的求职者，成为公司的董事长兼钢铁大王，就缘于他做任何事情，只要认准了，就会主动出击。

费尔莱斯年轻时，有一段时间，他连工作都找不到。没有工作，生计也成了问题。但他是一个主动寻找机会的人。

在当地找不到工作，他就乘火车去外省找工作。

在坐火车的旅途中，他无意中向窗外一看，看到一个地方正在大规模地施工。他心一动："工程这么大，一定会需要很多工人，这样我不就有工作了吗？"他立刻改变主意，在附近下了火车后，就走到工地去找到主管。他主动向主管介绍了自己，表达了想到这里工作的愿望。

主管对他说，这里确实是在建一座大型工厂，但目前不缺工人。主管最后对他说："虽然现在不缺，但工厂建好后，还是需要工人的。这样吧，你把电话给我留下，一有消息我就通知你。"

费尔莱斯欣然同意。他回去后，一连等了好几天，都没有接到电话。按照一般人的思维，主管不打电话，说明主管只是出于客气才留下他的电话的，根本没有让他去当工人的意思。

可是费尔莱斯不这么想，他认为这是一次难得的工作机会，对方没来电话，可能是有其他事情耽误了。既然是自己想要这份工作，何不主动去争取呢？于是，他再次坐火车来到工地，找到了留他电话的主管。

此时的主管已荣升厂长，厂长一见他就道歉："小伙子，真抱歉！我本来早就想给你打电话让你来工作的。可是我不知道把你的电话号码放哪儿了，正愁不知道怎么联系你呢，还好你来了。"

厂长一边热情地接待他，一边立刻给他分配了工作。

费尔莱斯进的这家工厂，就是做钢铁的。他从此进入了钢铁行业，因为他在工作中很主动，所以一直干得不错，屡次获得晋升，最后成为钢铁公司的董事长。

费尔莱斯的成功看来似乎有些偶然，其实是必然的。我们可以做这样的假设，假如他像一般人那样，因为接不到主管的电话就重新另找工作，可能找的工作比钢铁业还好。但是，此时换的不是一份工作，而是一种"主动"的好习惯。

也就是说，他即便找到了新工作，也改不了凡事被动的习惯。所以，费尔莱斯主动求来的不是工作，而是一种好习惯。

正是这种主动的好习惯，始终贯穿在他的生活和工作中，才让他有了后来的成功。

可见，我们如果在一些事情上显得主动一些，即便你在这件事情上没有成功，也会有其他收获的。

主动出击带给我们的是一种动力，一种积极的态度。在职场上求职是这样，在生活中我们做事同样如此。特别是在竞争激烈的时代，我们若不主动争取，那么，即使机会就在你眼前，也会失去。因为就在你等待和犹豫的时候，别的人就会捷足先登，所以，一个人要想成功，就必须抛开顾虑主动出击！

只要你肯主动，那么再大的困难，都会被你打败，世界都会为你让路！